几种苯并咪唑类分子拉曼光谱的理论研究

陈玉锋　汪洋　著

内 容 提 要

本书首先介绍了拉曼光谱的基本原理、表面增强拉曼光谱的的增强机理及应用，以银溶胶组装的纳米银膜和盐酸羟胺还原法制备的银溶胶为表面增强拉曼散射（SERS）活性的基底，测定了2-巯基苯并咪唑（2-MBI）、5-氨基-2-巯基苯并咪唑（5-A-2-MBI）和三环唑的SERS光谱，结合振动光谱实验与密度泛函理论（DFT）计算对其进行了振动模的指认和归属，探讨了所研究的分子在SERS基底上可能的吸附方式。

图书在版编目（CIP）数据

几种苯并咪唑类分子拉曼光谱的理论研究 / 陈玉锋，汪洋著. -- 西安：西安交通大学出版社，2017.6（2025.4重印）

ISBN 978-7-5605-9840-6

Ⅰ.①几… Ⅱ.①陈… ②汪… Ⅲ.①苯并咪唑 - 拉曼光谱 - 研究 Ⅳ.①O626.23

中国版本图书馆CIP数据核字（2017）第162613号

书　　名　几种苯并咪唑类分子拉曼光谱的理论研究
著　　者　陈玉锋　汪　洋
责任编辑　武巧莉　贺彦峰

出版发行　西安交通大学出版社
（西安市兴庆南路10号　邮政编码710049）
网　　址　http://www.xjtupress.com
电　　话　（029）82668357　82667874（发行中心）
（029）82668315
传　　真　（029）82668280
印　　刷　三河市同力彩印有限公司

开　　本　787mm × 1092mm　1/16　印张 7.75　字数 139千字
版次印次　2018年8月第 1 版　2025年4月第3次印刷
书　　号　ISBN 978-7-5605-9840-6
定　　价　35.00元

读者购书、书店添货、如发现印装质量问题，请与本社发行中心联系、调换。

版权所有　侵权必究

内 容 简 介

本书首先介绍了拉曼光谱的基本原理、表面增强拉曼光谱的增强机理及应用，以银溶胶组装的纳米银膜和盐酸羟胺还原法制备的银溶胶为表面增强拉曼散射（SERS）活性的基底，测定了2-巯基苯并咪唑（2-MBI）、5-氨基-2-巯基苯并咪唑（5-A-2-MBI）和三环唑的SERS光谱，结合振动光谱实验与密度泛函理论（DFT）计算对其进行了振动模式的指认和归属，探讨了所研究的分子在SERS基底上可能的吸附方式。采用DFT理论和B3LYP方法，对2-MBI、5-A-2-MBI及其与银配合物、多菌灵、杀草强、维生素C的结构进行了优化，计算了拉曼光谱；结合实验结果，对拉曼光谱的振动模式进行了指认。

前 言

1923年，德国物理学家Smekal预言，当光照射物质时，除了产生与入射光频率相同的瑞利散射外，还会产生频率发生改变的非弹性散射。1928年印度科学家拉曼（Raman）实验中发现了这一现象，并于1930年获得诺贝尔物理学奖，这种与入射光频率不同的光散射现象称为拉曼散射。Raman光谱是由分子振动及转动能级的跃迁而产生的特征光谱，Raman光谱是用途广泛的无损检测和分子识别技术，能够提供化学和生物分子结构的指纹信息，但是常规Raman散射截面只有红外过程的10-6，这种内在低灵敏度的缺陷制约了Raman在痕量检测和表面科学领域的应用。1974年Fleischmann发现吸附在粗糙的银电极表面上吡啶分子能产生很强的拉曼散射。1977年Van Duyne和Creighton证明吸附在粗糙的银电极表面上吡啶分子的拉曼信号是溶液中的106倍。这种由于分子等物种吸附或非常靠近具有纳米结构的表面，Raman信号强度比起体相分子显著增强的现象称为表面增强拉曼散射（Surface-enhanced Raman Scattering，SERS）效应。SERS技术发展迅速，在界面科学、分析科学、生命科学等领域被广泛应用，这种方法可以为研究固－液、固－气和固－固界面的结构提供分子水平上的信息。

本书首先介绍了拉曼光谱的基本原理、表面增强拉曼光谱的增强机理及应用，以银溶胶组装的纳米银膜和盐酸羟胺还原法制备的银溶胶为表面增强拉曼散射（SERS）活性的基底，测定了2-巯基苯并咪唑（2-MBI）、5-氨基-2-巯基苯并咪唑（5-A-2-MBI）和三环唑的SERS光谱，结合振动光谱实验与密度泛函理论（DFT）计算对其进行了振动模式的指认和归属，探讨了所研究的分子在SERS基底上可能的吸附方式。采用DFT理论，B3LYP方法，对2-MBI、5-A-2-MBI及其与银配合物、多菌灵、杀草强、维生素C的的结构进行了优化，计算了拉曼光谱；结合实验结果，对拉曼光谱的振动模式进行了指认。

本书由牡丹江师范学院化学化工学院陈玉锋、汪洋编著，其中汪洋编写了第8、9章的内容，其他章节由陈玉锋完成。本书在编写过程中吉林大学的赵冰老师给予了许多有益的指导和建议，在此表示衷心感谢；书中引用了大量参考文献、论文，在此向被引文献论文的作者表示感谢；同时还要感谢牡丹江师范学院的领导和化学化工学院的同事。本书由牡丹江师范学院博士科研启动基金（MNUB201612）、省级重点创新预研项目（SY2014003）、青年一般项目（QY201215）资助出版。

目　录

第 1 章　绪论

1.1　Raman 光谱的基本原理

当以一定频率（ν_0）的光照射到分子上时，入射光和电子发生相互作用，分子被极化，产生一种以入射频率ν_0向所有方向散射的光，这种散射是分子对光子的一种弹性散射，没有能量交换，该散射称为瑞利（Rayleigh）散射。Rayleigh 散射是光子与物质分子间发生的弹性碰撞，但是碰撞过程中并没有能量交换，仅入射光的方向发生了改变，散射光强度和入射光波长的四次方成反比。1923 年，光的非弹性散射现象被德国科学家 Smekal[1] 从理论上预言存在，同年印度物理学家 Raman 发现苯的散射光谱是不连续的，但这种效应 Raman 当时称之为“一种新的辐射”。Raman 在 1928 年发现了与入射光频率不同的散射光，这种散射光被称为拉曼（Raman）散射。Raman 与 Krishnan[2-5] 于 1928 年在液体中观察到了这种现象。

Raman散射是光子与物质分子间产生的一种非弹性碰撞，光子不但方向发生了改变，能量也会相应地减少或增加。Raman散射光非常弱，其强度仅是入射光的10-6-10-8[6]。发生Raman散射时，光子从分子得到$h\Delta\nu = h(\nu_0 - \nu_i)$或光子失去$h\Delta\nu = h(\nu_0 - \nu_i)$的能量。下面用量子理论定性地解释Raman 散射效应（见图1.1）。

（1）处于振动能级基态的分子（$\nu=0$）被入射光$h\nu_0$激发到一个不稳定的虚态$E_1+h\nu 0$（Virtual state），因这种能态不稳定而跃回到E_2能级，分子从光子获得了E_1与E_2的能量差，从而使散射光频率小于入射光频率。

$$\Delta E = h(\nu_0 - \nu_1)$$

此即斯托克斯（Stokes）线。

（2）当入射光子$h\nu_0$把处于E_2（$\nu=1$）能级的分子激发到$E_2+h\nu_0$能级，这种能级不稳定，分子很快跃迁回到 E_1 能级，这时分子损失 E_1 与 E_2 的能量差，而光子获得了这部分能量，因此散射光频率大于入射光频率，其频率向高频位移，此即反斯托克斯（Anti-stokes）线。Raman 位移为负值的线叫斯托克斯线，Raman 位移为正值的线叫反斯托克斯线。Stokes 线或 Anti-stokes 线的频率与入射光频率之差$\Delta\nu$，称为 Raman 位移。按 Boltzmann 统计，

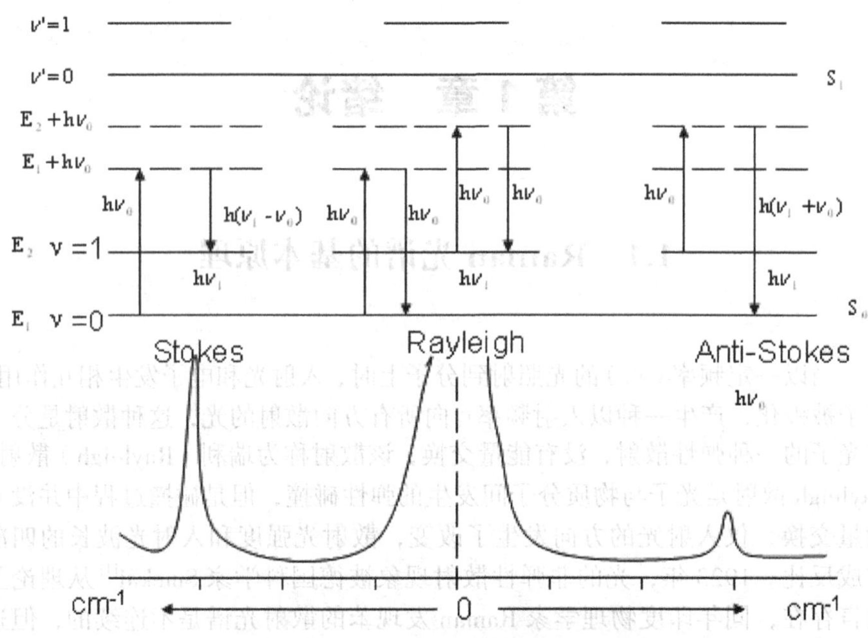

图1.1　瑞利散射和拉曼散射示意图

常温时处于振动激发态的几率不足1%，因此Stokes线的强度要比Anti-stokes线强得多。

$$\frac{I_{as}}{I_S}=\frac{(\nu_0+\Delta\nu)^4}{(\nu_0-\Delta\nu)^4}\exp(-h\nu/kT)$$

k 为玻尔兹曼常熟，$\Delta\nu$ 为Raman位移，T 为体系的绝对温度，

Raman位移与入射光的频率无关，它只与物质分子的振动转动能级有关，不同物质分子的振动和转动能级不同，因而有不同的Raman位移；对同一种物质分子，如果改变入射光的频率，Raman线的频率也将改变，但是Raman位移 $\Delta\nu$ 始终保持不变。

1.2　表面增强拉曼光谱

当吸附到具有纳米尺寸的金属（如金、银、铜等）或半导体等特殊结构的粗糙表面上的分子，由于基底表面电磁场及化学吸附的作用，分子的

拉曼信号强度被异常放大的一种奇特的光谱现象，被称为表面增强拉曼散射（Surface Enhanced Raman Scattering，SERS）。Fleischmann[7]于1974年首次从粗糙的银电极表面单分子层吡啶吸附物的Raman光谱中发现这种现象。Jeanmarie和Van Duyne[8-9]等通过实验和理论计算也发现了这种现象，并进行了理论解释。聂书明和Won-Hua等[10-13]的研究小组研究表明表面增强拉曼光谱可以实现单分子检测，增强因子甚至可以达到1014-1015，从而使采用SERS方法可以对痕量浓度的分子实行检测。SERS技术发展迅速，在界面科学、分析科学、生命科学等领域被广泛应用，这种方法为研究固-液、固-气和固-固界面的结构提供分子水平上的信息[14-16]。

入射激光波长处于散射分子的电子吸收峰范围内时，才能使分子的某些振动模的拉曼散射截面增强（如图 1-2 所示）。所以 SERS 的产生需要选择合适的 SERS 活性基底[17-18]。最初的 SERS 基底仅局限于贵金属 Cu、Ag、Au 等，目前以过渡金属（Pt、Pd、Ru、Rh、Fe、Co、Ni）以及半导体 SERS 活性材料（CdTe、TiO_2、ZnO、ZnS、CuO、Cu_2O、CdS、Ag_2O、AgX（X=Cl/Br/I）、Pb_3O_4）等作为 SERS 活性基底材料研究表面增强拉曼散射文献中已有报道[19-20]。

在 SERS 研究的基础上，又发现和发展了表面增强红外散射（SEIRS）、表面增强共振拉曼散射（SERRS）、针尖增强拉曼散射（TERS）、表面增强荧光（SEF）、表面增强二次谐波（SE 2SHG）和表面增强合频（SE-SFG）等其它表面增强光学效应。

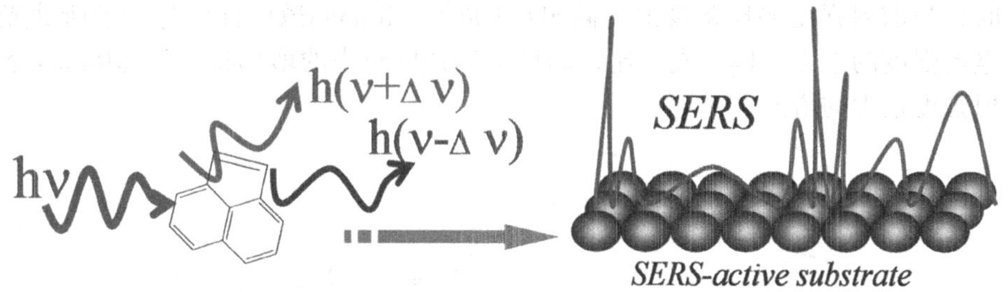

图1-2 表面增强拉曼光谱示意图

1.3 SERS 的增强机理

SERS虽然已经被广泛应用，但其增强机理至今尚未完全清楚[21]。按照经典的电磁理论，瑞利散射光和Raman散射光的产生是由于当单色入射光照射样品时，分子产生震荡的感生电偶极矩，而这个震荡的感生偶极矩作为一个辐射源，发射出瑞利散射光和Raman散射光。Raman光谱的产生是由于分子诱导偶极距的变化引起的，非极性基团或结构全对称的分子，分子本身没有偶极距，在平衡位置周围振动的分子中的原子，在入射光子外电场的作用下，分子的电子壳层受到电场力作用发生形变，分子的正负电荷中心发生了相对移动，从而产生诱导偶极距，即产生了极化现象。诱导偶极矩$\vec{P}=\alpha\vec{E}$，$\vec{E}$为入射光子的电场，α为极化率。α如果与分子内部的振动无关，则为Rayleigh散射；α随分子的内部振动而变化，则为Raman散射。电磁场增强（Electromagnetic enhancement, EM）机理和化学增强（Chemical enhancement, CM）机理[22-28]，是目前被多数人所接受认可的两种用来解释SERS效应的增强机理，一般认为电磁场增强（Electromagnetic enhancement, EM）机理对SERS增强的贡献更大。

1.3.1 电磁场增强机理（EM）

镜像场模型[29]、避雷针效应[30]、天线共振子模型[31]、表面等离子体共振模型等[32-37]是目前常用来解释电磁场增强机理的模型，其中最具代表性的电磁场增强模型是表面等离子体共振（LSPR）。导体表面存在自由活动的电子，形象地被看作是电子气，集体被激发的电子气叫做表面等离子体。如果表面等离子体振荡的频率和入射光的频率接近，就会产生共振现象，这时拉曼散射强度要比常规散射高出约106倍。Raman散射强度与分子所处光电场强度的平方（E_2）成正比，局域电场强度较小的增加将会引起Raman散射强度很大的增强。

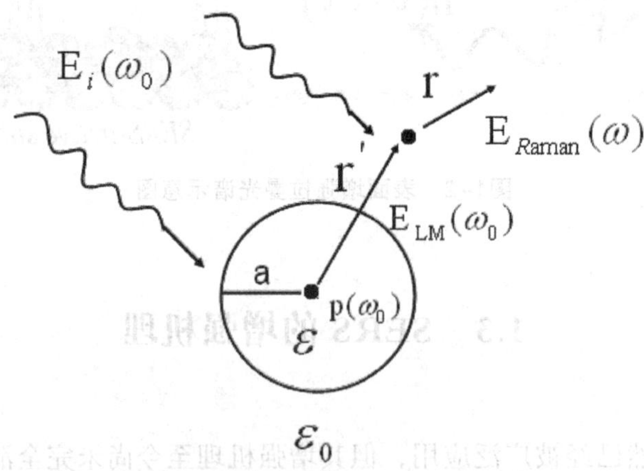

图1-3　纳米颗粒表面表面增强拉曼光谱增强机理示意图

将金属小球置于介电常数为 ε_0 均匀电场介质中，假设金属小球的半径远小于入射光的波长，就可以按照经典的电磁理论进行处理[38–40]（如图 1–3 所示）。当把被视作电偶极子的分子置于距金属球形颗粒为 H 的地方（ $r' = a + H$ ），增强因子和距离的关系可用下式表示[41–44]：

$$G \propto \left(\frac{a}{a+H}\right)^{12}$$

当分子距金属球形颗粒的表面$(r' = a)$处，入射场和散射场的极化垂直于散射面，其它方向上分量和为0时，则有：

$$G = 5\left|1 + 2g_0 + 2g + 4gg_0\right|^2$$

若$\mathrm{Re}\left(\dfrac{\varepsilon_1(\omega)}{\varepsilon_0}\right) = -2$，即满足激发出局域表面等离子的条件，此条件下 gg_0起主要作用，G 可以简化为 $G = 80\left|gg_0\right|^2$。

根据这一模型，当入射光和散射光的频率满足表面等离子体共振的条件时，就可以得到强的SERS信号。吸附的如果是整个单分子层而不是一个分子，每个分子发出的拉曼光取平均值[44]：

$$G = \left|1 + 2g_0 + 2g + 4gg_0\right|^2 \qquad G \propto \left(\frac{a}{a+H}\right)^{10}$$

胡冰[45–46]等按照经典的电磁理论，进行了理论计算。由边界电势条件可以得到电位移矢量的法向分量在球的边界处是连续的，在 $r = a$ 处的电场强度及增强因子分别为：

$$\mathrm{E}_e = \frac{3\varepsilon_1}{\varepsilon_1 + 2\varepsilon_0}\mathrm{E}_0 \qquad G = \left|\frac{\mathrm{E}_e}{\mathrm{E}_0}\right|^2 = \frac{9\left(\mathrm{Re}\,\varepsilon_1{}^2 + \mathrm{Im}\,\varepsilon_1^2\right)}{\left(\mathrm{Re}\,\varepsilon_1 + 2\varepsilon_0\right)^2 + \mathrm{Im}\,\varepsilon_1{}^2}$$

当$\mathrm{Re}(\varepsilon_1 + 2\varepsilon_0) = 0$、$\mathrm{Im}\,\varepsilon_1$很小时，G值将变得很大，这就是表面等离子体共振效应。

对于吸附在金属球形颗粒上的分子，从电磁场理论的角度，满足下列条件时能得到较强的SERS效应：（1）颗粒的尺寸必须小于入射电磁波的波长（2）激发频率或散射频率满足表面等离子体的共振条件（3）分子不能距表面太远。电磁场增强的长程效应在5nm以内比较明显，大于5nm时电磁场增强的效应将迅速减弱[47]。

1.3.2　化学增强机理（CM）

电磁场增强机理能够解释大多数的表面SERS现象，但仍存在一些用电磁场增强机理无法解释的实验现象，表明导致Raman信号增强的还存在其它因素[27，48-49]。如：

（1）对吸附于特定表面上的所有分子，电磁场增强机理对所有分子的增强贡献应该是一致的。N_2和CO分子的Raman散射截面非常接近，增强因子应该相差不多，但在相同实验条件下，Raman 散射的强度的实验结果却相差200倍，电磁场增强机理对这一现象无法解释[50]。

（2）SERS现象依赖于待测分子在基底上的吸附模式。低浓度的吡啶分子与基底之间主要发生物理吸附，观察不到吡啶的Raman信号；而只有当吡啶增大到一定浓度时，吡啶和增强基底通过N原子上的孤对电子化学吸附时，才能观察到吡啶分子的SERS增强[51-52]。

（3）并不是所有吸附在基底上的分子都产生SERS增强，只有那些吸附在基底表面热点上的分子，才能观察到明显的SERS增强[53-55]。

分子吸附到基底表面， SERS基底和吸附分子之间会通过相互作用形成新的化学键，导致分子极化率、拉曼散射截面发生变化，从而使Raman信号增强。在光诱导的作用下，金属和吸附物之间通过发生电荷转移形成新的表面金属配合物，在可见光区产生共振被认为是化学增强的原因。电荷转移（Charge transfer, CT）模型[48,56-58]理论认为：吸附分子和作为SERS基底的金属表面的原子或原子簇之间发生化学作用，在某一波长激发光的照射下，吸附分子最高占据分子轨道（Highest occupied molecular orbital，HOMO）的电子跃迁到金属的费米能级上，或金属费米能级上的电子被激发到吸附分子的最低未占据分子轨道（Lowest unoccupied molecular orbital，LUMO）上。以金属到吸附分子的CT为例，其过程为[59]：

（1）当入射光照射金属时，金属会产生电子空穴对，处于费米能级（EF）附近的电子被激发到比费米能级更高的轨道上，在费米能级以下的轨道上会产生电子空穴，即在金属一侧产生了电子-空穴对。

（2）受激电子转移到吸附分子的最低未占据分子轨道(LUMO)上，吸附分子与金属基底发生偶合，电子跃迁到吸附分子的LUMO轨道。

（3）跃迁到吸附分子LUMO轨道能级上的的电子反跃迁回到金属时，吸附分子就将处于振动激发态。

（4）返回到金属的电子与金属内部的电子空穴复合，发射出Raman散射光子。

在电荷转移（CT）过程中，电子空穴对的产生和电子跃迁到分子的LUMO轨道上起决定性作用。通过改变激发光波长，可以实现有效的电荷转移，称为激发光调谐效应。其次，吸附分子和基底之间化学作用的强弱决定了电子转移到吸附分子LUMO轨道的几率以及电子在吸附分子上弛豫时间的长短。这就要求SERS基底表面具有一定的粗糙度，有利于分子与基底之间形成有效的表面化合物，另外合适的粗糙度也决定了返回的电子能否和电子空穴之间的顺利复合。

由此可见，电荷转移（CT）模型强调分子与金属基底间的吸附通过形成化学键产生的化学吸附。电荷转移仅在第一层吸附分子和金属表面之间产生，当吸附分子与金属表面间距逐步增大时，SERS效应会很快减弱，也即增强表现为第一层效应（短程性）[60-61]，另外在某些体系中，分子和金属之间通过其它的修饰层形成了电荷传递的通道，吸附的第二层分子也可能由与电荷转移引起SERS增强。

1.4　表面增强拉曼光谱技术的应用

1.4.1　SERS在食品卫生安全检测中的应用

如果没有必要的防护措施，食物在后期储存、运输过程中，由于储存条件的不当、运输过程中没有采取有效的隔离、防护措施，食物发霉变质或受到污染会产生对人体有害甚至致癌的物质；为了提高食物的风味、口感、增加食品的稳定性，在生产过程中往往会加入一些防腐剂、食品添加剂，添加剂的量如果没有严格控制的话，也会对健康带来潜在的风险。食品中化学危害残留超标是主要的食品安全问题之一，所以对食品中可能会对人体健康有害物质的检测就非常必要。SERS 技术在进行样品分析时，其处理简单、操作步骤简便、检测速度快、灵敏度高、可实现痕量检测、测量仪器可便携的特点，初步展示了其和其它分析检测方法相比独特的优势。

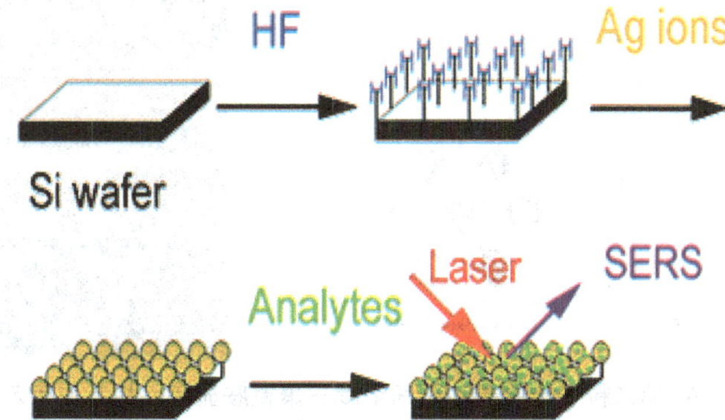

图1–4　Si片上刻蚀的Ag纳米阵列实验流程图

Lin和Shao等[62-64]分别采用Si片上刻蚀的Ag纳米阵列、Au纳米阵列、

Cu纳米阵列的基底（如图1-4所示），检测到了1×10^{-12}M、1×10^{-10}M和1×10^{-9}M的Sudan-I，选定拉曼位移处Raman峰强度的相对标准偏差均在20%以下，说明具有这三种纳米阵列的基底在检测Sudan-I时均具有较高的重复性。Hu等[65]以不均匀结构的ZnO/Ag复合纳米阵列材料为基底，检测到1×10^{-12}M的Sudan-II，Sudan-IV。

三聚氰胺（化学式：$C_3H_6N_6$），是一种三嗪类含氮杂环有机化合物，国际纯粹与应用化学联合会系统命名法的命名为"1.3.5-三嗪-2.4.6-三氨基"，常被用作化工原料，SERS方法被引入了对食品中三聚氰胺的检测研究。

Yang等[66]采用AgNPs为增强基底检测了牛奶和奶粉中的三聚氰胺，在0.01-4.80mg·L^{-1}浓度范围内三聚氰胺浓度和Raman 特征峰强度之间呈线性关系，线性相关系数为0.998，回收率为94.43%-102.84%，相对标准偏差小于1.6%；Guo等[67]采用在基片表面的SERS活性基底上，组装金纳米壳层粒子，利用纳米粒子壳层上多"热点"存在的性质，该基底呈现出较高的SERS活性，利用此SERS活性基底对三聚氰胺进行了检测，7.9×10^{-9}M-7.9×10^{-7}M浓度范围内，Raman峰强度和三聚氰胺浓度之间符合线性关系，其线性相关系数为0.9 956，对样品的检测限为7.9×10^{-9}M。Li等[68]合成了空心的Ag-Au立方纳米晶，三聚氰胺的检测灵敏度为10^{-8}M；Chi等[69]采用柠檬酸根作为稳定剂，未加修饰的金纳米离子可视比色的方法测定牛奶中的三聚氰胺，如图1-5所示，采用$NaHSO_4$优化后的AuNPs在5min之内可以达到测定三聚氰胺检测限5ppb的水平，得出了这种方法测定牛奶中三聚氰胺简单、可信、灵敏的结论。Hu等[70]通过将AgNPs 修饰在F_3O_4@SiO_2表面合成的符合微球，如图1-6用SERS方法测定了三聚氰胺，检测浓度可低至1×10^{-6}M。

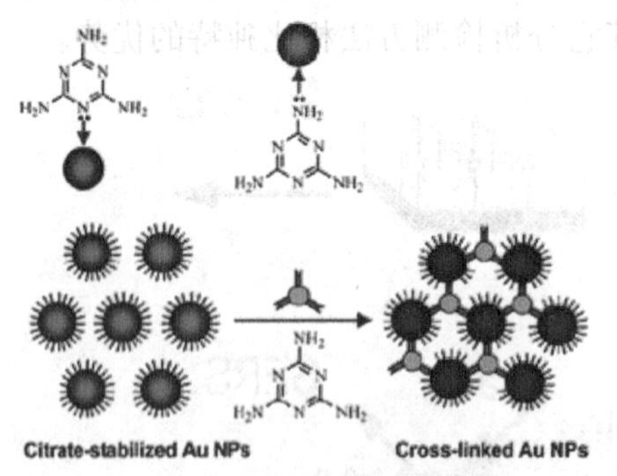

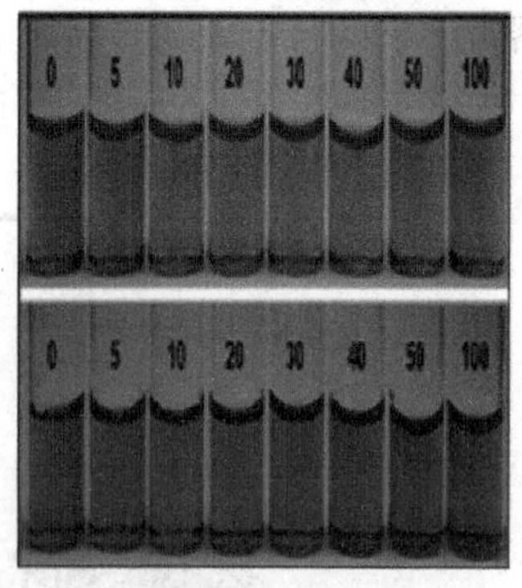

图1-5 Au纳米粒子传感器和不同浓度三聚氰胺显色、相互作用示意图

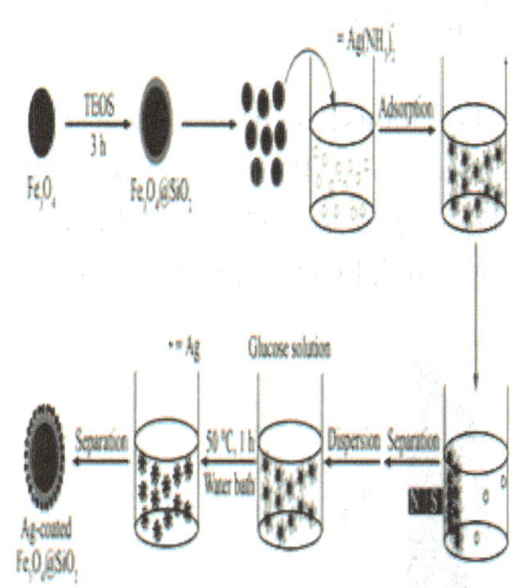

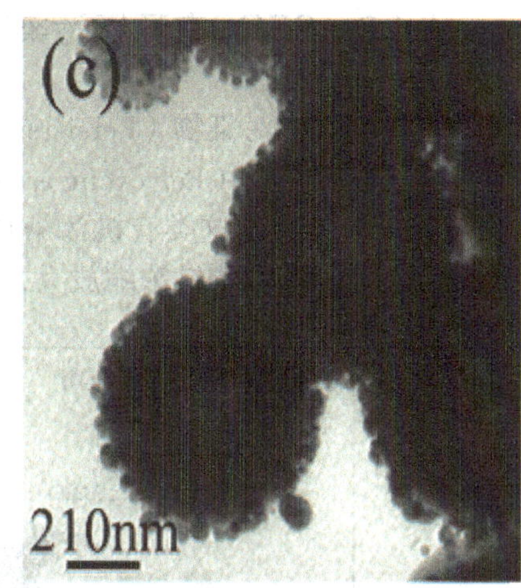

图1–6　Ag修饰的F_3O_4@SiO_2复合微球的合成路径示意图

Yi等[71]报到了以合成的AuNPs修饰的ZnO纳米阵列为SERS增强基底，如图1–7所示，研究结果表明该基底在测定三聚氰胺的增强因子为1.0×10^9，检测限和定量限分别为1×10^{-10}M和1.26μg·L^{-1}。

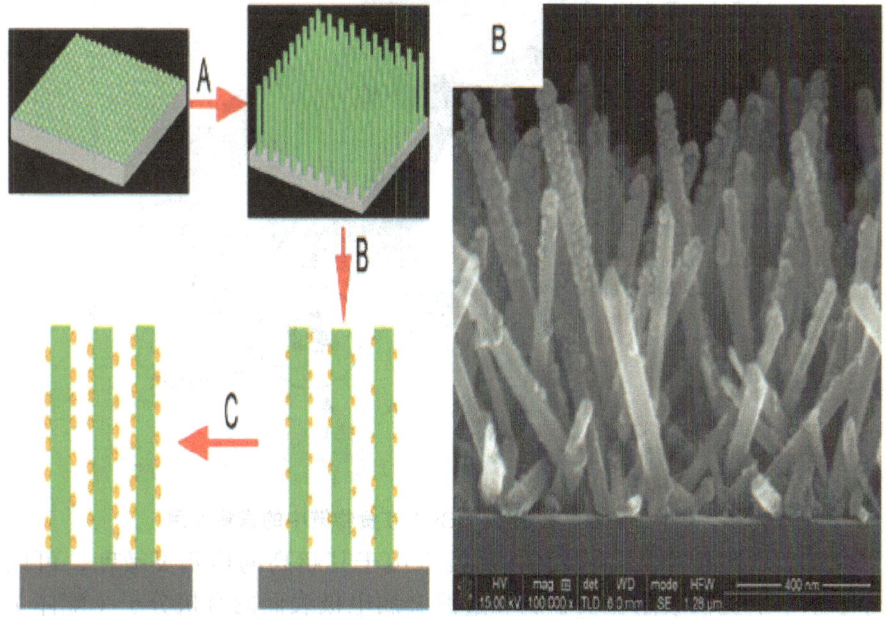

图1–7　Au纳米粒子修饰ZnO–NRs 纳米阵列示意图

1.4.2 SERS在环境污染物检测上的应用

持久性有机污染物（Persistent Organic Pollutants，POPs）、多氯联苯、氯代酚、多环芳烃（Polycyclic aromatic hydrocarbons，PAHs）等是环境中常见的有机污染物，这类有机污染物能长期存在于环境中被生物体摄入后不易分解，并沿着食物链浓缩放大，对人类健康危害巨大（如图1-8所示）。

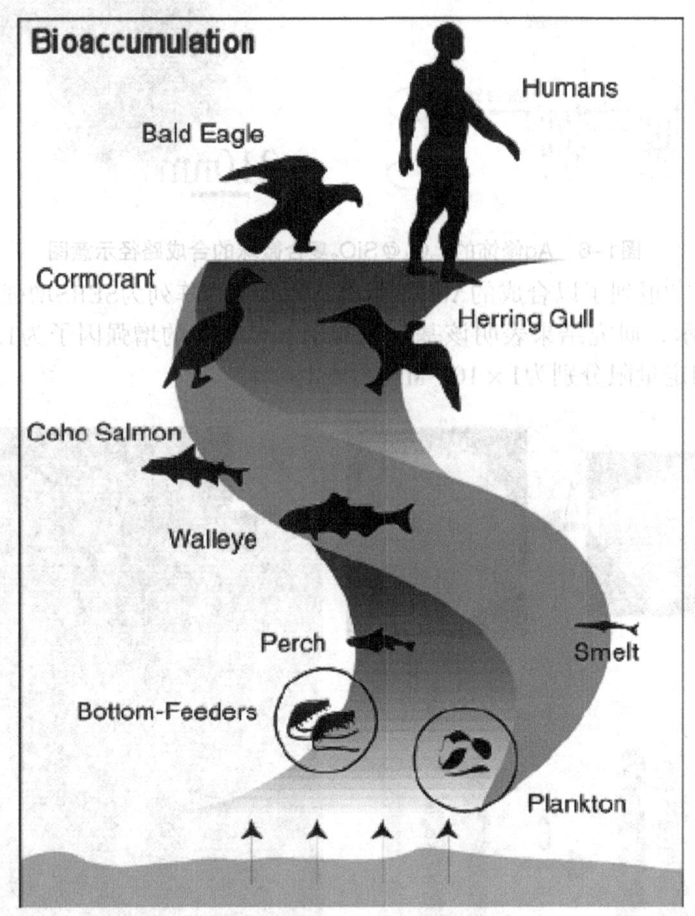

图1-8 多氯联苯（PCBs）在食物链中的富集作用

表面增强拉曼光谱（SERS）技术由于其超高的检测灵敏度，可以从分子水平上提供吸附在贵金属和过渡金属电极表面的有机分子（配体）等以及配位过程的详细信息，可以用来检测环境污染物。An等[72]通过制备AgNPs 修饰的磁性Fe_3O_4粒子核C壳的Fe_3O_4@C@Ag微球SERS增强基底，测定了环境污染物五氯苯酚（PCP）、邻苯二甲酸二乙基己基酯（DEHP）、三硝基甲苯（TNT）的含量，最低检测浓度分别为10^{-10}M、10^{-12}M和10^{-12}M。Chen等[73]合成了HS-β-CD修饰的Ag-NPs@Au-NB 阵列结构（如图1-9所示），可检测到5×10^{-7}M的 PCB-77，在快速检测环境中的有机污染物如PCBs有很好的应用前景。

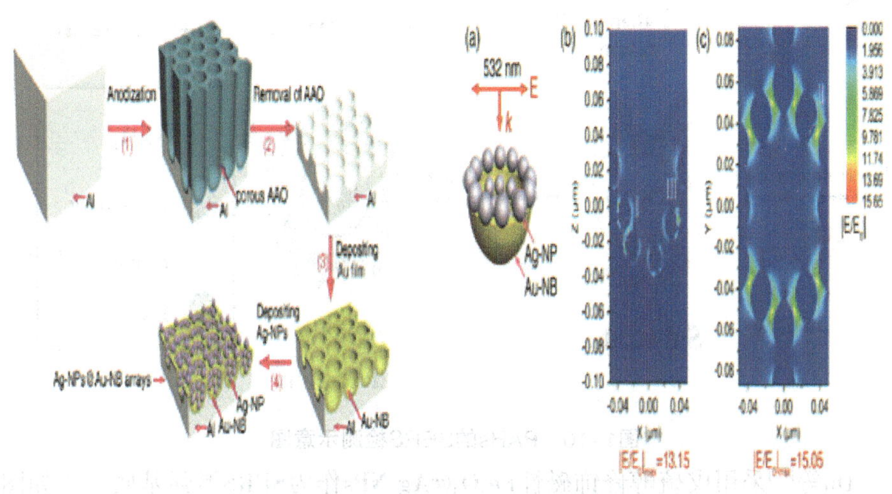

图1-9 Ag-NPs@Au-NB 纳米阵列的合成路径及3D 仿真模型

Lu等[74-75]用DNA适配体修饰的SiO_2@Au核壳纳米粒子SERS基底，测定了持久性有机污染PCB-77，实验结果表明PCB-77含量增加，660cm^{-1}和736cm^{-1}拉曼位移处的Raman峰强度比值降低，从而建立了测定痕量PCB-77的定量方法，这种SERS增强基底可以用于免标记SERS检测环境中的持久性有机污染物（POPs）。Zhou等[76]通过合成的直径为30-40nm、长度为600-800nm的Ag纳米棒阵列为SERS增强基底，检测了环境土壤的PCBs含量，可检测到干燥土壤中5μg/g 的PCBs含量，检测时间不到1min，用这种Ag纳米棒阵列基底还能检测辨别1×10^{-6}M的四氯联苯的四种同分异构体，这种方法测定和鉴别有机污染物快速、简单、灵敏。

多环芳烃（Polycyclic aromatic hydrocarbons，PAHs）分子结构中含有多个苯环或杂环，一些物质如煤、石油和一些有机物燃烧不完全时会产生多环芳烃，炭火烤肉时也会产生多环芳烃，这类物质几乎无法自然降解，具有极大的致癌性。因此，建立有效的测定多环芳烃的方法是很有必要的。由于PAHs分子不含能与金属直接配位或键合的官能团，现有的SERS技术测定PAHs的方法多是采用功能化修饰的基底，利用功能化分子和PAHs分子的直接作用或利用功能化分子和PAHs分子之间形成的热点（Hot spot）区域达到测定PAHs的目的。

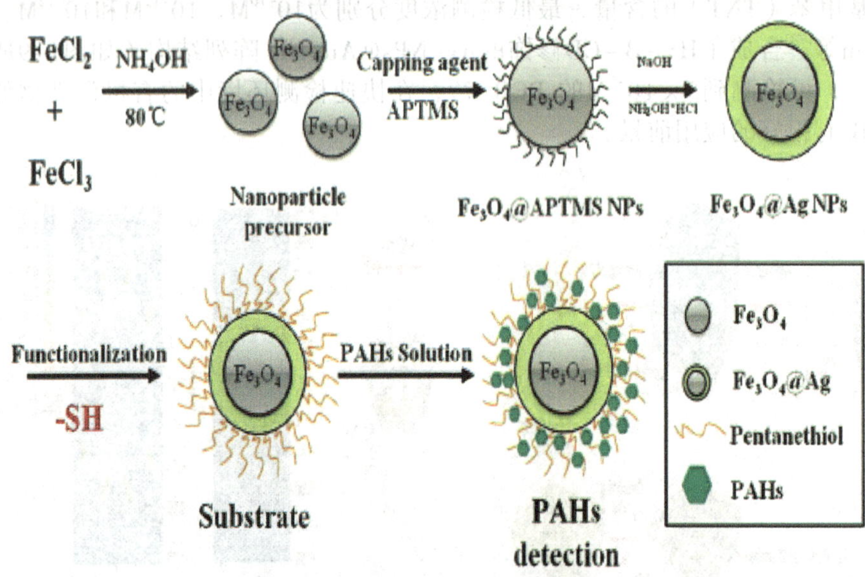

图1-10 PAHs的SERS检测示意图

Du等[77]采用戊硫醇修饰磁性Fe_3O_4@Ag NPs作为SERS增强基底，（如图1-10所示），对PAHs进行了检测和鉴别，在1-50mg/L浓度范围内，SERS信号和二萘嵌苯、苯并芘、芘、蒽、菲等多环芳烃浓度（PAHs）之间符合线性关系，线性相关系数在0.937-0.987之间，该SERS基底的增强因子在103-105之间，该方法可实现对PHAs的原位检测。Costa[78]研究小组首先用MPTMS硅烷化玻璃片，然后用氩等离子体溅射法在烷基化的玻璃片表面沉积一层Au 膜，最后再用丙硫醇处理，利用该SERS基底可以检测和辨别多环芳烃和硝基多环芳烃，这种方法不用经过提取分离，不需要使用有机溶剂，而且可以实现痕量多化合物共存的检测和鉴别。

Leyton等[79-80]采用一种褐煤富集腐殖酸，然后把腐殖酸修饰在纳米Ag溶胶表面，测定和鉴别了低浓度的芘和屈，腐殖酸和AgNPs作用如图1-11所示，理论计算结果证明了PAHs/HA/Ag的表面吸附结构模型D、A、E、C四个位置都可以和待分析物作用，并通过理论计算得到了芘和腐殖酸之间发生了电子转移的结论，腐殖酸由于分子强的芳香性和伸缩性有望被用作检测PAHs时的分子封闭组合器。

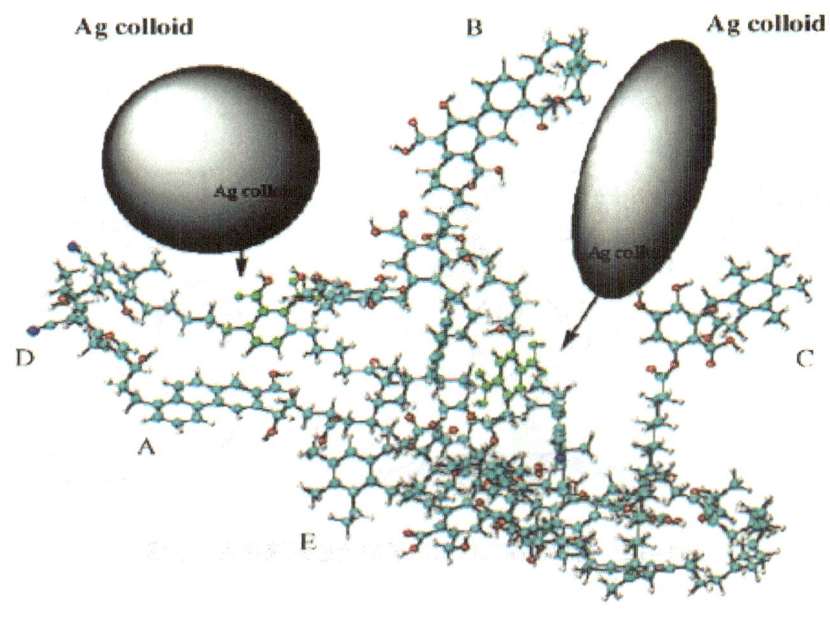

图1-11　腐殖酸和AgNPs的相互作用

杯芳烃是一类大环化合物，通过酚醛缩合反应生成，结构像希腊圣杯，被命名为“杯芳烃”，“杯芳烃”具有空腔大小可以调节、而且其构象可变、易于修饰的特点，通过超分子之间的弱相互作用力比如氢键、静电作用、分子间作用力等可以用来识别客体分子。Leyton [81]研究小组通过杯[4]芳烃衍生物自组装在Ag NPs 基底上测定了PAHs，组装在基底上的杯[4]芳烃主体分子能够捕获PAHs分子，25，27-二乙酰基-26,28-二羟基-对叔丁基杯[4]芳烃（DCEC）在检测芘方面是一个灵敏度和选择性都很高的主体分子。主客体分子之间的作用机理发生在基底与被检测物之间的π-π叠加相互作用。

Gurerrini研究组[82-83]报道了基于产生高选择性SERS热点的双功能紫晶二价阳离子修饰的AgNPs应用于SERS检测PAHs，紫晶二价阳离子被认为是产生热点的诱导体和捕获分析物的主体分子，提高了SERS 技术的灵敏度和选择性。紫晶二价阳离子可以形成分子间的空腔，位于两个粒子的连接处(SERS hot spots)，待测分子进入到空腔内后，导致待测分子的拉曼散射被巨大地强化。不同紫晶二价阳离子百草枯(PQ)、敌草快(DQ)、光泽精(LG)修饰的Ag NPs 传感器对检测PAHs进行了比较，研究结果表明，光泽精(LG)修饰的Ag NPs的传感器灵敏度和稳定性最好，芘的检测限为10^{-9}M。SERS光谱图信息也提供了紫晶二价阳离子和PAHs之间的作用机理，研究结果表明，紫晶二价阳离子和PAHs之间随着主题构型不同形成不同的电荷转移复合物（如图1-12所示）。

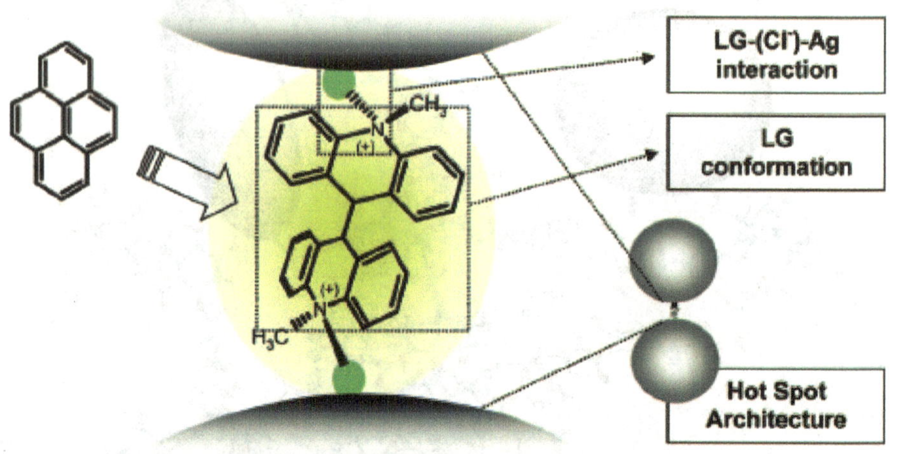

图1-12　芘和紫晶二价阳离子的传感系统作用示意图

1.4.3　SERS在农药残留检测上的应用

有机磷酸酯类杀虫剂在农业上被广泛应用，它们是一类小分子，通过抑制乙酰胆碱酯酶的活性，对昆虫和螨虫具有触杀和内吸作用。由于有机磷酸酯类杀虫剂的高危害性，对施药者身体健康造成直接危害，进入环境后对土壤和水造成污染，杀虫剂及其降解物会残留在食物中。因此描述这类化合物的物理化学性质[84-86]，建立测定样品中痕量农药残留的方法是非常必要的。Liu等[87-88]采用修饰在硅基底表面的Au 纳米结构的SERS基底测定了苹果和西红柿表面的甲萘威、亚胺硫磷、甲基谷硫磷含量，均可以检测到ppm的含量，其中苹果表面的甲萘威、亚胺硫磷、甲基谷硫磷最低检测限分别为4.51ppm、6.51ppm、6.66ppm，回收率在78%-124%之间。

Yang等[89-90]通过合成AuNPs点缀的磁性纳米网结构的SERS 基底，用便携拉曼光谱仪测定了福美双含量，检测限可以达到50×10^{-14}mol·L^{-1}，采用这种基底检测的SERS方法简单、快速、可实现超痕量检测，在农业和环境安全方面评估实现现场检测有很大的潜力。Wijaya 研究小组[91]采用树枝状的纳米银为SERS增强基底，测定前不用预处理，测定了苹果汁、苹果表面的啶虫咪含量，检测限分别为3mg·L^{-1}和0.125μg/cm^2。

Guerrini等[92]采用光泽精（LG）二阳离子功能化的Ag NPs SERS基底上测定了烈性杀虫剂硫丹，结果表明在功能化后的SERS基底上，硫丹分子结构发生了异构化，构型由α-硫丹转化为β-硫丹，吖啶环上的N原子和硫丹分子上的Cl-C=C-Cl发生了电子转移，硫丹和光泽精（LG）上Raman 位移的变化证明了这种电子转移的结果，该方法测定硫丹的检测限是20ppb。

田中群研究团队等[93-94]建立了“壳层隔绝的纳米粒子增强拉曼光谱”（SHINERS）的新技术，在金属或半导体硅表面上撒一层“聪明的灰尘”，比如SiO_2纳米粒子，通过形成壳层和内层的纳米粒子隔绝。在这种“壳层隔绝”的纳米粒子作用下，使材料表面待测分子的拉曼光谱得到增强（如图1-13所示）。采用这种方法，检测到了活细胞壁的组分或橘子皮表面的农药残留，这种新技术可以检测各类物质的最表层化学组分，而且还适用于任何形貌的基底。粒径55nm左右大小的Au NPs起到了Raman信号放大器的作用，超薄的SiO_2壳层和Al_2O_3壳层起到隔离的作用，防止AuNPs被污染或发生聚集，使“聪明的灰尘”能够连接到不同形状的样品上。

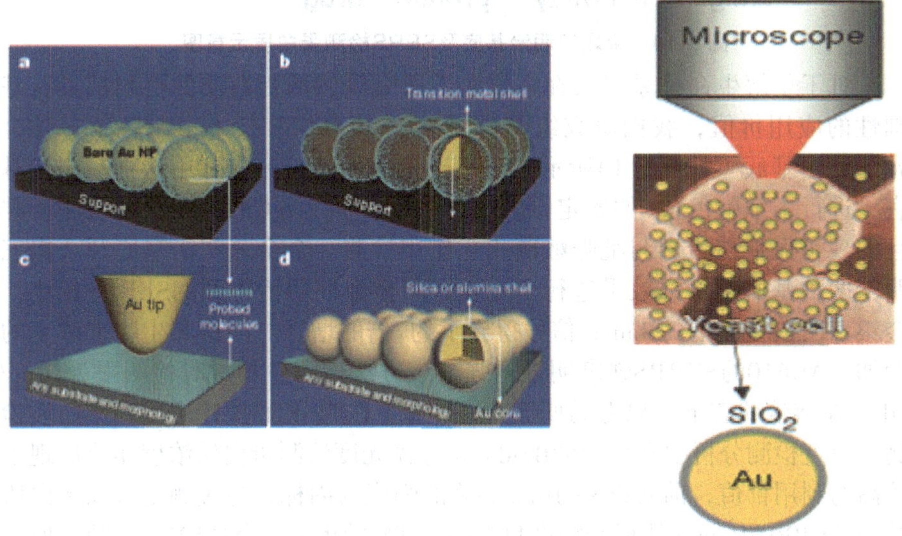

图1-13　壳层隔绝的纳米粒子及SERS检测示意图

1.4.4　SERS在蛋白质检测上的应用

将SERS技术应用于生物研究的先驱是Koglin和Seqaris[95]（最早研究核算碱基和DNA）、Nabiev[96]（最早研究氨基酸、膜蛋白和核酸）、Cotton[97-98]（最早研究有色蛋白）等。

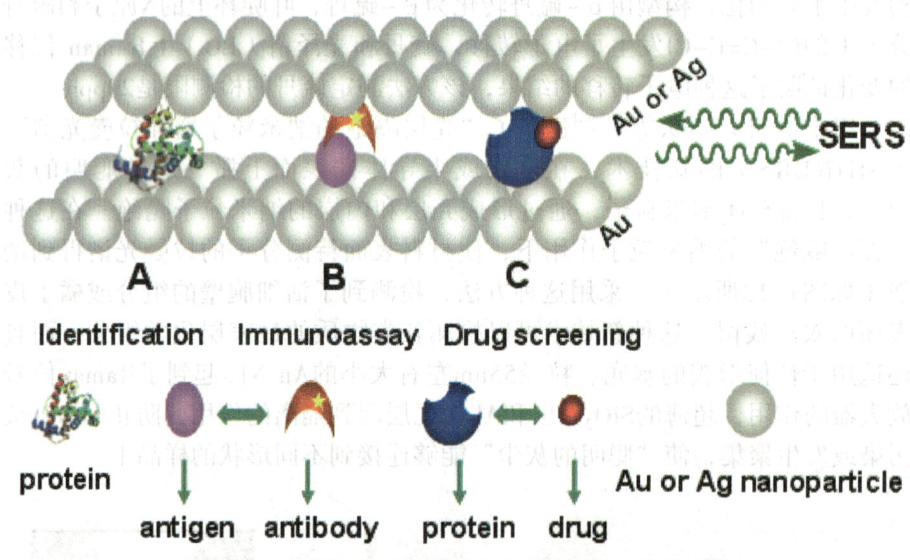

图1-14 金属三明治基底及SERS检测蛋白质示意图

对于了解生命体系以及在生物医学研究等领域蛋白质的检测都具有基础性的应用价值，我们研究组[99-101]采用层状自组装技术，制备了一种金属三明治基底（如图1-14所示），用于蛋白质的检测，利用这种三明治基底，进行了细胞色素C的鉴定，人IgG/TRITC-抗人IgG的标记免疫检测，并且实现了血清白蛋白与吡哌酸额相互作用检测。金金三明治基底和金银三明治两种基底的增强效果进行了比较，与金金三明治得到的SERRS相比，金银三明治基底上的Raman信号得到了约7倍的增强。随待测生物素浓度的增加，Att610的SERRS强度明显增强，该方法检测生物素时检测限为10pg/mL。在溶液状态下，以考马斯亮蓝（CBB）作为SERS探针应用到蛋白质检测及免疫检测分析中和传统的Bradford 分光光度法测蛋白质浓度相比展现了较高的利用价值，前者以Si的Raman峰的强度为内标，通过测定未和蛋白质结合的CBB的Raman特征峰峰高1176cm^{-1}和Si的Raman峰高520cm^{-1}的比值，建立和LogC蛋白质浓度的线性关系，此方法和Bradford蛋白质测定方法相比，蛋白质的浓度的检测范围更大，灵敏度更高，检测限更低。

SERS 基底的生物相容性是指生物分子吸附在基底上后，生物分子原有的活性不改变，SERS 的重现性、灵敏度等基本保持，SERS 基底用于在体实验或检测时不会引起生物系统的排异反应。而传统的以金属胶体粒子为 SERS 活性基底，当生物分子吸附其表面上后，生物分子的结构发生了改变，破坏了其本身的结构与性能。因而制备一系列具有生物相容性以及高 SERS 活性的基底对于蛋白质的定性和定量分析非常重要。我们研究组[102-103]

通过制备具有生物相容性和磁性质的 $Fe_3O_4@SiO_2$ 核壳材料，实现了对单组份和双组份的蛋白质分离，然后利用对胶体 Ag 染色，增加了基底对蛋白质的检测灵敏度，和将蛋白质直接吸附到银胶体粒子上相比，这种方法不会造成蛋白质变性，而且蛋白质的位置相对固定，研究结果表明，采用 SERS 技术对磁性分离的蛋白质进行检测，检测方法简便快速、灵敏度高。我们研究组[104]采用 SERS 和酶催化生物测定相结合的方法定量检测了人心肌肌钙蛋白 T（cTnT），cTnT 是一种能够高度特异、高度敏感的反映心肌损伤的血清标志物。应用这种方法测定两份血样中 cTnT 的时候，回收率分别是 100.01%、86.82%，相对标准偏差分别是 0.017 和 0.093，该方法和传统的酶联免疫法（ELISA）相比测定的线性范围更宽，cTnT 的检测限可以达到 2pg/mL。

参考文献

[1] Smekal, A. Zur quantentheorie der dispersion [J]. Naturuwissenschaften, 1923, 11(43), 873-875.

[2] Raman, C. V.; Krishnan, K. S. A New type of secondary radiation [J]. Nature, 1928, 121, 501-502.

[3] Raman, C. V. A change of wave-length in light scattering [J]. Nature, 1928, 121(3051), 619.

[4] Cross, E. Change of Wave-length of Light due to Elastic Heat Waves at Scattering in Liquids [J]. Nature, 1930, 126(3171), 201-202.

[5] 吴征凯, 唐敖庆. 分子光谱学专论 [M]. 济南：山东科学技术出版社, 1999.

[6] 张华, 刘志广. 仪器分析简明教程 [M]. 大连：大连理工大学出版社, 2007.

[7] Fleischmann M.; Hendra P. J.; McQuillan, A. J. Raman spectra of pyridine adsorbed at a silver electrode [J]. Chem. Phys. Lett., 1974, 26(2), 163-166.

[8] Jeanmaire, D. L.; VanDuyne, R. P. Surface Raman Spectroelectrochemistry Part I. Heterocyclic, Aromatic, and Aliphatic Amines Adsorbed on the Anodized Silver Electrode [J]. J. Electroanal. Chem., 1977, 84(1), 1-20.

[9] Albrecht M. G.; Creighton J. A. Anomalously Intense Raman Spectra of Pyridine at a Silver Electrode [J]. J Am Chem Soc, 1977, 99(15), 5215-5217.

[10] Nie S.; Emory S. R. Probing single nanopatticles by surface-enhanced Raman scattering [J]. Science, 1997, 275, 1102-1106.

[11] Park W. K.; Kim Z. H. Charge transfer enhancedment in the SERS of a single molecule [J]. Nano Lett., 2010, 10, 4040-4048.

[12] 赵冰,徐蔚青. 单分子拉曼光谱超灵敏分析技术的新进展 [J]. 现代仪器, 2011, (5), 1-3.

[13] Hering K.; Cialla D.; Ackermann K.; Dörfer, T.; Möller, R. SERS:a versatile tool in chemical and biochemical diagnostics [J]. Anal. Bioanal. Chem., 2008, 390, 113-124.

[14] Kneipp, K.; Wang, Y.; Kneipp, H.; Perelman L.T.; Ltzkan, I. Single Molecule Detection Using Surface-Enhanced Raman Scattering (SERS) [J]. Phys. Rev. Lett., 1997, 78, 1667-1670.

[15] Moskovits M. surface-enhanced Rman Spectroscopy [J]. Rev. Mod. Phys, 1985, 57(3), 783-826.

[16] Otto, A.; Mrozek, I.; Grabhorn, H.; Akemann, W. Surface enhanced Rman scattering [J]. J. Phys.:Condensed Matter, 1992, 4(5), 1143-1212.

[17] Brown, R. J. C.; Milton, M. J. T. Nanostructures and nanostructured substrates for surface-enhanced Raman scattering (SERS) [J]. J. Raman. Spectrosc., 2008, 39, 1313-1326.

[18] Natan M. J. Surface enhanced Raman scattering [J]. Faraday Discuss. 2006, 132, 321-328.

[19] Tian, Z. Q. Surface-enhanced Raman scattering: advancements and applications [J]. J. Raman. Spectrosc., 2005, 36, 466-470.

[20] 赵冰，徐蔚青，阮卫东，韩晓霞. 半导体纳米材料作为表面增强拉曼散射基底的研究进展 [J]. 高等学校化学学报, 2008, 29(12), 2591-2596.

[21] Dvoynenko, M. M.; Wang, J. K. Finding electromagnetic and chemical enhancement factors of surface-enhanced Raman scattering [J]. Opt. Lett., 2007, 32(24), 3552-3554.

[22] Moskovits, M. Surface-enhanced spectroscopy [J]. Rev. Mod. Phys., 1985, 57(3), 783-826.

[23] VanDuyne, R. P. Laser Exciation of Raman Scattering from Adsorbed Molecules on Electrode Surfaces, Chemical and Biochemical Application of Lasers. [M]. Academic Press: New York, 1979.

[24] Schatz, G. C. Theoretical studies of surface enhanced Raman scattering [J]. Acc. Chem. Res., 1984, 17(10), 370-376.

[25] Brown, R. J. C.; Wang, J.; Tantra, R.; Yardley, R. E.; Milton, M. J. T. Electromagnetic modelling of Raman enhancement from nanoscale substrates: a route to estimation of the magnitude of the chemical enhancement mechanism in SERS [J]. Faraday Discuss., 2006, 132, 201-213.

[26] Moskovits, M. Surface-enhanced Raman spectroscopy: a brief retrospective [J]. J. Raman Spectrosc., 2005, 36, 485-496.

[27] Otto, A. The 'chemical' (electronic) contribution to surface-enhanced Raman scattering [J]. J. Raman Spectrosc., 2005, 36, 497-509.

[28] Sun, M.; Wan, S.; Liu, Y.; Jia, Y.; Xu, H. Chemical mechanism of surface-enhanced resonance Raman scattering via charge transfer in pyridine-Ag^2 complex [J]. J. Raman Spectrosc., 2008, 39, 402-408.

[29] Velsko, S.; Oxtoby D. W. Rotationally induced vibrational energy relaxation in polyatomic mocular liquids [J]. Chem. Phys. Lett., 1980, 69(3), 463-465.

[30] Mo, Y. J.; Lei, J.; Li, X. Y. Surface enhanced Raman scattering of Rhodamine 6G and Dye1555 Adsorbed on Roughened Copper Surfaces [J]. Solide State Commun., 1988, 66(2), 127-131.

[31] Macomber, S. H.; Furtak, T. E.; Devine, T. M. Enhanced Raman characterization of adsorbed water at the electrochemical double layer on silver [J]. Surface Science, 1982, 122(3), 356-558.

[32] Creighton, J. A,;Blatchford, C. G.; Albrecht, M. G. Plasma Resonance Ehancement of Raman Scattering by Pridine Adsorbed on Silver of Gold Sol Particles of Size Comparable to the Excitation Wavelength[J], Chemical Society [J]. Faraday Transactions 2, 1979, 75(18), 790-798.

[33] Moskovits, M. Surface-enhanced spectroscopy [J]. Rev. Mod. Phys., 1985, 57(3), 783-828.

[34] Metiu, H. Surface enhanced spectroscopy [J]. Prog. Surf. Sci., 1984, 17, 153-320.

[35] Lombardi, J. R.; Birke, R. L. A unified approach to surface-enhanced Raman spectroscopy [J]. J. Phys. Chem C, 2008, 112(14), 5605-5617.

[36] Osawa, M.; Matsuda, N.; Yoshii, K.; Uchida, I. Charge transfer resonance Raman process in surface-enhanced Raman scattering from p-aminothiophenol adsorbed on silver: Herzberg-Teller contribution [J]. J. Phys.

Chem., 1994, 98(48), 12702-12707.

[37] Peterlinz, K. A.; Georgiadis, R. In situ kinetics of self-assembly by surface plasmon resonance spectroscopy [J]. Langmuir, 1996, 12(20), 4731-4740.

[38] Kerker, M.; Wang, D. S.; Chew, H. Surface enhanced Raman scattering (SERS) by molecules adsorbed at spherical particles [J]. Appl. Opt., 1980, 19(24), 4159-4174.

[39] Wang, D. S.; Chew, H.; Kerker, M. Enhanced Raman scattering at the surface (SERS) of a spherical particle [J]. Appl. Opt., 1980, 19(14), 2256-2257.

[40] Otto, A.; Mrozek, I.; Grabhorn, H.; Akemann, W. Surface-enhanced Raman scattering [J]. J.Phys.: Condens. Matter., 1992, 4, 1143-1212.

[41] McCall, S. L.; Platzman, P. M.; Wolff, P. A. Surface enhanced Raman scattering [J]. Phys. Lett. A , 1980, 77(5), 381-383.

[42] Gersten, J. I. The effect of surface roughness on surface enhanced Raman scattering [J]. J. Chem. Phys., 1980, 72(10), 5779-5780.

[43] Gersten, J. I. Rayleigh, Mie and Raman scattering by molecules adsorbed on rough surfaces [J]. J. Chem. Phys., 1980, 72, 5780-5881.

[44] Gersten, J. I.; Nitzan, A. Electromagnetic theory of enhanced Raman scattering by molecules adsorbed on rough surface [J]. J. Chem. Phys., 1980, 73(7), 3023-3037.

[45] 胡冰,徐蔚青,王魁香,谢玉涛, 赵冰. 由介电函数探讨SERS效应的电磁增强机理[J]. 吉林大学自然科学学报, 2001, 2, 57-61.

[46] 胡冰. 硕士学位论文 [D]. 吉林: 吉林大学, 2001.

[47] Li, J. F.; Yang, Z. L.; Ren, B.; Liu, G. K.; Fang, P. P.; Jiang, Y. X.; Wu, D. Y.; Tian, Z. Q. Surface-enhanced Raman spectroscopy using gold-core platinum-shell nanoparticle film electrodes:Toward a versatile vibrational strategy for electrochemical interfaces [J]. Langmuir, 2006, 22(25), 10372-10379.

[48] Lombardi, J. R.; Birke, R. L.; Lu, T. H.; Xu J. Charge-transfer theory of surface enhanced Raman Spectroscopy: Herzberg-Teller contributions [J]. J. Chem. Phys., 1986, 84(8), 4174-4180.

[49] Persson, B. N.; Zhao, K.; Zhang, Z. Chemical contribution to surface-enhanced Raman scattering [J]. Phys. Rev. Lett., 2006, 96, 207401.

[50] Chang, R. K.; Furtak, T. E.; Eds. Surface-enhanced Raman scattering [M]. New York: PlenumPress, 1982.

[51] Burstein, E.; Chen, C. Y.; Lundquist, S. In light scattering in solids [M]. New York: Plenum, 1979.

[52] Demuth, J. E.; Christmann, K.; Sanda, P. N. The vibrations and structure of pyridine chemisorbed on Ag(111): the occurrence of a compressional phase transformation [J]. Chem. Phys. Lett., 1980, 76(2), 201–206.

[53] Seki, H.; Philpott, M. R. Surface enhanced Raman scattering by pyridine on silver island films in an ultrahigh vacuum [J]. J. Chem. Phys., 1980, 73, 5376–5379.

[54] Furtak, T. E.; Roy, D. Nature of the active site in surface–enhanced Raman scattering [J]. Phys. Rev. Lett., 1983, 50, 1301–1304.

[55] Pettkofer, C.; Eickmans, J.; Ertürk, Ü.; Otto, A. On the nature of "sers active sites" [J]. Surf. Sci., 1985, 151(1), 9-36.

[56] Gersten, J.; Nitzan, A. Electromagnetic theoryof enhanced Raman scattering by molecules adsorbded on rough surfaces [J]. J. Chem. Phys., 1980, 73(7), 3023–3037.

[57] Campion, A.; Kambhampati, P. Surface–enhanced Raman scattering [J]. Chem. Soc. Rev., 1998, 27, 241–250.

[58] Centeno, S. P.; L ó pez–Toc ó n, I.; Arenas, J. F.; Otero, J. C. Selection rules of the charge transfer mechanism of surface–enhanced Raman scattering: The effect of the adsorption on the relative intensities of pyrimidine bonded to silver nanoclusters [J]. J. Phys. Chem B, 2006, 110, 14916–14922.

[59] 杨立滨.几种基于半导体涉及电荷转移的SERS及其增强机制研究 [D]. 吉林: 吉林大学, 2010.

[60] Otto, A. Theory of First Layer and Single Molecule Surface Enhanced Raman Scattering (SERS) [J]. Phys. Stat. Sol. A, 2001, 188 (4), 1455–1470.

[61] Abe, H.; Manzel, K.; Schulze, W.; Moskovits, M.; DiLella, D. P. Surface–enhanced Raman spectroscopy of CO adsorbed on colloidal silver particles [J]. J. Chem. Phys., 1981, 74(2) , 792–797.

[62] Lin, H. Y.; Shao, Q.; Hu, F.; Que, R. H.; Shao, M. W. Gold nanoparticle substrats for recyclaable surface–enhanced Raman detection of Rhodamine 6G and Sudan I [J].Thin Solid Films, 2012, 526, 133–138.

[63] Shao, Q. ; Que, R. H. ; Shao, M. W. ; Cheng, L. ; Lee, S. T. Copper Nanopaticles Grafted on a Sillicon Wafer and Their Excellent Surface–Enhanced Raman Scattering [J]. Adv. Funct. Mater, 2012, 22, 2067–2070.

[64] Shao, Q.; Que, R. H.; Cheng, L.; Shao, M. W. Fast one–step silicon–hydrogen bond assembly of silver nanaparticles as excellent surface–enhanced Raman scattering substrates [J]. RSC Adv., 2012, 2, 1762–1764.

[65] Hu, H. B.; Wang, Z. H.; Wang, S. F.; Zhang, F. W.; Zhao, S. P.; Zhu, S. Y. ZnO/Ag heterogeneous structure nanoarrays: Photocatalytic synthesis and used as substrates for surface-enhanced Raman scattering detection [J]. J. Alloys. Compd., 2011, 509, 2016-2020.

[66] Yang Q. Q.; Liang, F. H.; Wang, D.; Ma, P. Y.; Gao, D. J.; Han, J. Y.; Li, Y. L.; Yu, A. M.; Song, D. Q.; Wang, X. H. Simultaneous determination of thiocyanate ion and melamine in milk and milk powder using surface-enhanced Raman spectroscopy [J]. Anal. Methods, 2014, 6, 8388-8395.

[67] Guo, Z. N.; Cheng, Z. Y.; Li, R.; Chen, L.; Lv, H. M.; Zhao, B.; Choo, J. One Step Detection of Melamine in Milk by Hollow Gold Chip Based on Surface-enhanced Raman Scattering [J]. Talanta, 2014, 122, 80-84.

[68] Li, J. M.; Yang, Y.; Qin, D. Hollow nanocubes made of Ag-Au alloys for SERS detection with sensitivity of 10(-8) M formelamine [J]. Mater. Chem. C, 2014, 2, 9934-9940.

[69] Chi, H.; Liu, B. H.; Guan, G. J.; Zhang, Z. P.; Han, M. Y. A simple, reliable and sensitive colorimetric visualization of melamine in milk by unmodified gold nanoparticles [J]. Analyst, 2010, 135, 1070-1075.

[70] Hu, H. B.; Wang , Z. H.; Pan, L.; Zhao, S. P.; Zhu, S. Y. Ag-coated F3O4@SiO2 Three-Ply Composite Microspheres:Synthesis, Characterization and Application in Decting Melamine with Their Surface-Enhanced Raman Scttering [J]. J. Phys.Chem. C, 2010, 114(17), 7738-7742.

[71] Yi, Z.; Yi, Y.; Luo, J. S.; Li, X. B.; Xu, X. B.; Jiang, X. D.; Yi, Y. G.; Tang, Y. J. Arrays of ZnO nanorods decorated with Au nanoparticles as surfaced-enhanced Raman scattering sunbstrates for rapid detection of trace melamine [J]. Physica. B, 2014, 451, 58-62.

[72] An, Q.; Zhang, P.; Li, J. M.; Ma, W. F.; Guo, J.; Hu, J.; Wang, C. C. Silver-coated magnetite-carbon core-shell microspheres as substrate-enhanced SERS probes for detection of trace persistent organic pollutants [J]. Nannoscale, 2012, 4, 5210-5216.

[73] Chen, B. S.; Meng, G. W.; Zhou, F.; Huang, Q.; Zhu, C. H.; Hu, X. Y.; Kong, M. G. Ordered arrays of Au-nanobowls loaded with Ag-nanoparticles as effective SERS substrates for rapid detection of PCBs [J]. Nanotechnology, 2014, 25, 145105.

[74] Lu, Y. L.; Huang, Q.; Meng, G. W.; Wu, L. J.; Zhang, J. J. Label-free selective SERS detection of PCB-77 based on DNA aptamer modified SiO2@Au

core/shell nanoparticles [J]. Analyst, 2014, 139, 3083-3087.

[75] Bao, Z. Y.; Liu X., Chen, Y.; Wu, Y. C.; Chan, H. L. W.; Dai, J. Y.; Lei, D. Y. Quantitative SERS detection of low-concentration aromatic polychlorinated biphenyl-77 and 2,4,6-trinitrotoluene [J]. J. Hazard. Mater., 2014, 280, 706-712.

[76] Zhou, Q.; Zhang, X.; Huang, Y.; Li, Z. C.; Zhang, Z. J. Rapid Detection of Polychlorinated Biphenyls at Trace Levels in Real Environmental Samples by Surface-Enhanced Raman Scattering [J]. Sensors, 2011, 11(11), 10851-10858.

[77] Du, J. J.; Jing, C. Y. Preparation of Thiol Modified Fe3O4@Ag Magnetic SERS probe for PAHs Detection and Identification [J]. Phys. Chem. C, 2011, 115, 17829-17835.

[78] Costa, J. C. S.; Sant' Ana, A. C.; Corio, P.; Temperini, M. L. A. Chemical analysis of polycyclic aromatic hydrocarbons by surface-enhanced Raman spectroscopy [J]. Talanta, 2006, 70(5), 1011-1016.

[79] Leyton, P.; C ó rdova, I.; Lizama-Vergara, P. A.; G ó mez-Jeria, J. S.; Aliaga, A. E.; Campos-Vallette, M. M.; Clavijo, E.; Carc í a-Ramos, J. V.; Sanchez-Cortes, S. Humic adids as molecular assemblers in the surface-enhanced Raman scattering detection of polycyclic aromatic hydrocarbons [J]. Vib. Spectrosc., 2008, 46, 77-81.

[80] Alvarez-Puebla, R. A.; Santos, D. S. D.; Aroca, R. F. SERS detection of environmental pollutants in humic acid-gold nanoparticle composite materials [J]. Analyst, 2007, 132, 1210-1214.

[81] Leyton, P.; Sanchez-Cortes, S.; Carc í a-Ramos, J. V.; Domingo, C.; Campos-Vallette, M.; Saitz, C.; Clavijo, R. E. Selctive Molecular Recognition of Polycyclic Aromatic Hydrocarbons(PAHs)on Calix[4]arene-Functionalized Ag Nanoparticles by surface-Enhanced Raman Scattering [J]. J. Phys. Chem. B, 2004, 108, 17484-17490.

[82] Gurerrini, L.; Garcia-Rames, J. V.; Domingo, C.; Sanchez-Cortes S. Building Highly Selective Hot Spots in Ag Nanoparticles Using Bifunctional Viologens: Application to the SERS Detection of PAHs [J]. Phys. Chem. C, 2008, 112(20), 7527-7530.

[83] Gurerrini, L.; Garcia-Rames, J. V.; Domingo, C.; Sanchez-Cortes S. Nanosensors Based on Viologen Functionalized Silver Nanoparticles:Few Molecules Suface-Enhanced Raman Spectroscopy Detection of Polycyclic Aromatic Hydrocarbons in Interparticle Hot Spots [J]. Anal. Chem., 2009, 81(4), 1418-1425.

[84] Műller, C.; David, L.; Chis, V.; Pînzaru, S. C. Detection of thiabendazole applied on citrus fruits and bananas using surface enhanced Raman scattering [J]. Food Chem., 2014, 145, 814–820.

[85] Guerrini, L.; Sanchez–Cortes, S.; Cruz, V. L.; Martinez, S.; Ristori, S.; Feis, A. Surface–enhanced Raman spectra of dimethoate and omethoate [J]. J. Raman Spectrosc., 2011, 42(5), 980–985.

[86] Vongsvivut, J.; Robertson, E. G.; Mcnaughton, D. Surface–enhanced Raman spectroscopic of analysis of fonofos pesticide adsorbed on silver and gold nanoparticles [J]. J. Raman Spectrosc., 2010, 41(10), 1137–1148.

[87] Liu, B.; Zhou, P.; Liu, X. M.; Sun, X.; Lin, M. S. Detection of Pesticides in Fruits by Surface–Enhanced Raman spectroscopy Coupled with Gold Nnanostructures [J]. Food Bioprocess Tech., 2013, 6(3), 710–718.

[88] Fan, Y. X.; Lai, K. Q.; Rasco, B. A.; Huang, Y. Q. Analyses of phosmet residues in apples with surface–enhanced Raman spectroscopy [J]. Food Control., 2014, 37, 153–157.

[89] Yang, T. X.; Guo, X. Y.; Wang, H.; Fu, S. Y.; Yu, J.; Wen, Y.; Yang, H. F. Au Dotted Magnetic Network Nanostructure and Its Application for On–Site Monitoring Femtomolar Level Pesticide [J]. small, 2014, 10(7), 1325–1331.

[90] Zhang, L. L.; Jiang, C. L.; Zhang , Z. P. Graphene oxide embedded sandwich nanostructures for enhanced Raman readout and their applications in pesticide moniitoring [J]. Nanoscale, 2013, 5, 3773–3779.

[91] Wijaya, W.; Pang, S.; Labuza, T. P.; He, L. L. Rapid Detection of Acetaminpridin Foods using Surface–Enhanced Raman Spectroscopy(SERS) [J]. Food Sci., 2014, 79(4), 743–747.

[92] Guerrini, L.; Aliaga, A. E.; C á rcamo, J.; G ó mez–Jeria, J. S.; Sanchez–Cortes, S.; Campos–Vallette, M. M.; Garc í a–Ramos J. V. Functionalization of Ag nanoparticles with the bis–acridinium lucigenin as a chemical assembler in the detection of persistent organic pollutants by surface–enhanced Raman scattering [J]. Anal. Chim. Acta, 2008, 624(2), 286–293.

[93] Li, J. F.; Huang, Y. F.; Ding, Y.; Yang, Z. L.; Li, S. B.; Zhou, X. S.; Fan, F. R.; Zhang, W.; Zhou, Z. Y.; Wu, D. Y.; Ren, B.; Wang, Z. L.; Tian, Z. Q. Shell–isolated nanoparticle–enhanced Raman spectroscopy [J]. Nature, 2010, 464, 392–395.

[94] Li , J. F.; Tian, X. D.; Li, S. B.; Anema, J. R.; Yang, Z. L.; Ding, Y.; Wu, Y. F.; Zeng, Y. M.; Chen, Q. Z.; Ren, B.; Wang, Z. L.; Tian, Z. Q. Surface analysis

using shell–isolated nanoparticle–enhanced Raman spectroscopy [J]. Nat. Protoc., 2013, 8(1), 52–65.

[95] Koglin, E.; S é quaris, J. M. Topics in current Chemistry [M]. Berlin:Springer–Verlag , 1986, 134.

[96] Nabiev, I. R.; Efremov, R. G.; Chumanov, G. D. Surface–enhanced Raman scattering and its application to study of biological molecules [J]. Sov. Phys. Usp., 1988, 31, 241–247.

[97] Cotton, T. M. In Surface and Interfacial Aspects of Biomedical Polymers [M]. New York:Plenum, 1985. Cotton T M. In Spectroscopy of Surfaces [M]. New York: Wiley, 1988.

[98] Cotton, T. M.; Kim, J. H.; Chumanov, G. D. Application of surface–enhanced Raman spectroscopy to biological–systems [J]. J. Raman Spectrosc., 1991, 22(12), 729–742.

[99] Han, X. X.; Kitahama, Y.; Itoh, T.; Wang, C. X.; Zhao, B.; Ozaki, Y. Protein–Mediated Sandwich Strategy for Surface–Enhanced Raman Scattering: Application to Versatile Protein Detection [J]. Anal. Chem., 2009, 81(9), 3350–3355.

[100] Han, X. X.; Xie, Y. F.; Zhao, B.; Ozaki, Y. Highly Sensitive Protein Concentration Assay over a Wide Range via Surface–Enhanced Raman Scattering of Coomassie Brilliant Blue [J]. Anal. Chem., 2010, 82(11), 4325–4328.

[101] Han, X. X.; Chen, L.; Guo , J., Zhao, B.; Ozaki, Y. Coomassie Brilliant Dyes as Surface–Enhanced Raman Scattering Probes for Protein–Ligand Recognitions [J]. Anal. Chem., 2010, 82(10), 4102–4106.

[102] Chen, L.; Han, X. X.; Guo Z. N.; Wang, X.; Ruan, W. D.; Song, W.; Zhao, B.; Ozaki, Y. Biomagnetic glass beads for protein separation and detection based on surface–enhanced Raman scattering [J]. Anal. Methods, 2012, 4, 1643–1647.

[103] Chen, L.; Hong, W. J.; Guo, Z. N.; Sa, Y. J.; Wang, X.; Jung, M.; Zhao, B. Magnetic assistance highly sensitive protein assay based on surface–enhanced resonance Raman scattering [J]. J. Colloid Interf. Sci., 2012, 368(1), 282–286.

[104] Yu, Z.; Chen, L.; Wang, Y.; Wang, X.; Song, W.; Ruan, W. D.; Zhao, B.; Cong, Q. A SERS–active enzymatic product used for the quantification of disease–related molecules [J]. J. Raman spectrosc., 2014, 45(1), 75–81.

第2章 表面增强拉曼光谱法测定2-巯基苯并咪唑

2.1 引言

苯并咪唑（Benzimidazole），分子式$C_7H_6N_2$，由苯环和咪唑基构成，为芳香杂环化合物，苯并咪唑类农药低毒且能抑制菌类生长，主要用于水稻、果树、蔬菜及其他农作物病害的防治，化学性质稳定，在水果和蔬菜中半衰期较长，研究资料表明，当高剂量或较长时间使用时，BMZs对多种动物体有致畸和胚胎毒性，对人体会产生潜在的危害。国际食品法典委员会规定了BMZs在农产品中的最大残留限量（MRL）：多菌灵0.1mg/Kg（花生、甜菜、油菜籽等）；苯菌灵5mg/Kg（西红柿、橄榄类蔬菜、卷心菜等）；甲基硫菌灵2mg/Kg（香豌豆、芹菜、卷心菜等）。我国农业部于2012年11月16日发布的食品安全国家标准GB2763-2012《食品中农药最大残留限量》中规定BMZs类杀菌剂在农产品中的MRL分别为：多菌灵2 mg/Kg（大米、辣椒、韭菜）、0.1mg/Kg（花生米、油菜籽等）；苯菌灵5mg/Kg（柑橘等）；甲基硫菌灵2mg/Kg（辣椒、茄子、西瓜等）；噻菌灵10mg/Kg（柑橘、橙、柠檬等）、5mg/Kg（香蕉、香菇）。因此研究此类杀菌剂的准确可靠的检测方法已越来越受到重视。

2-巯基苯并咪唑（2-MBI）是一种杂环化合物，分子中存在共轭π键，同时存在杂原子N和S原子[105]，与金属配位结合可形成牢固的化学吸附层，因此常被用作金属缓蚀剂；可吸附在金属表面形成有机化学保护膜，又被用作金属表面的涂层剂[106-107]；工业上经常被用作橡胶的防老剂和抗氧化剂[108-111]。由于其毒性，医疗上用作抗真菌药物[112-113]。因为2-MBI的结构与抗甲状腺剂相似，其对甲状腺有致癌作用，对神经核泌尿生殖系统有致畸作用[114]，因此需要对2-MBI分子的结构特性进行详细研究并建立检验、分析2-MBI的有效方法。

已有的检测方法包括：用固相萃取预先富集，高效液相色谱法测定了2-MBI，检测限为10^{-8} mol · L^{-1}[115]；利用金纳米离子的等离子吸收变化检测吸附其表面的2-MBI，检测限约为10^{-6} mol·L^{-1}[116]；结合紫外可见吸收光谱及化学计量学方法，可以检测到10^{-8} mol·L^{-1}[117]。

具有高灵敏度表面效应的表面增强拉曼光谱技术（Surface Enhanced Raman Scattering，SERS），可以从分子水平上提供有机分子（配体）等在贵金属和过渡金属电极表面吸附和配位过程的详细信息，而且表面增强拉曼散射具有水干扰小，适合于研究界面效应等特点，因而被广泛应用于表面科学及定性和定量的分析科学领域中[118-119]。Yuan等利用SERS技术研究了非水体系中吸附在Cu电极表面的苯并咪唑的吸附方式及其衍生物光谱及结构，得出结论为在较负电位区间主要以分子形式吸附在Cu电极表面，当电位处于较正区间时则是通过在金属表面生成类高分子的膜[120]；Zheng 等分析了石墨烯-Ag膜2-MBI的吸附结构[121]。

本章以所制备的银溶胶及其在玻璃片上组装的银纳米膜为SERS基底，对2-MBI进行了研究。对SERS特征峰进行了指认，以411cm^{-1}的拉曼峰强度参数，对2-MBI 进行了定量分析研究，检测限为10^{-7}mol·L^{-1}。

2.2　实验部分

2.2.1　试剂

2-MBI，Aldrich公司；柠檬酸三钠（$C_6H_5Na_3O_7 \cdot 2H_2O$,AR），北京化学试剂厂；无水乙醇（GR），北京化工厂。

2.2.2　银溶胶的制备

银溶胶的制备根据Lee and Meisel的方法 [122]。36mg 的$AgNO_3$加入到锥形瓶中，200mL去离子水搅拌溶解，加热至90℃，剧烈搅拌条件下迅速加入4mL 1% 的柠檬酸钠溶液，降温至85℃，85℃恒温40min，搅拌至室温，溶胶的颜色为灰绿色。

2.2.3　Ag纳米膜的制备

玻璃片依次用水-乙醇-丙酮-氯仿-丙酮-乙醇-水超声5分钟，然后浸泡在按照体积比为3：7的比例配置的H_2O_2 和H_2SO_4的混合液里，煮沸，直到没有气泡生成，冷却。经过上述处理的玻璃片经去离子水反复冲洗，氮气吹干后，用0.5%的PDDA浸泡30min，再次用去离子水反复冲洗，氮气吹干，在银溶胶里浸泡3h备用[123]。

按照上述方法处理后的SERS基底浸泡在不同浓度的2-MBI的乙醇溶液中10min，取出后分别测定SERS。所有数据处理采用光谱仪自带软件NGSLabSpec1-Origin进行处理。

2.2.4 仪器

LabRam Aramis Raman Microscope system 拉曼光谱仪（法国Horiba-JobinYvon公司），光源为He-Ne激光器，激发线波长633nm，积分时间10s，积分次数1次； H-800的透射电子显微镜（日本HITACHI），加速电压为200 Kv； JSM-6700F的扫描电子显微镜（日本JEOL），加速电压为5.0Kv； UV3600的紫外-可见-近红外分光光度计（日本Shimadzu）；ESCALAB MK II型的X-射线光电子能谱仪（英国VG），铝作为激发源。

2.3 结果与讨论

2.3.1 Ag溶胶及Ag纳米膜基底的表征

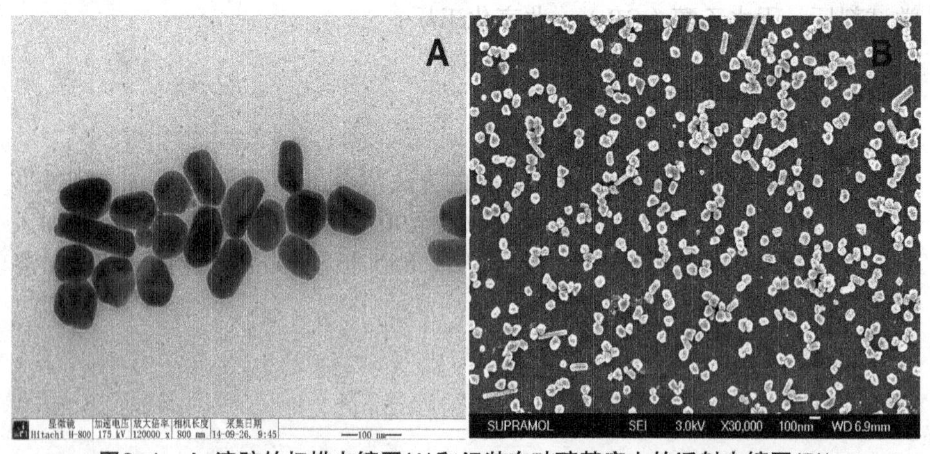

图2-1 Ag溶胶的扫描电镜图(A)和组装在玻璃基底上的透射电镜图(B))

按照2.2.2、2.2.3方法步骤制备Ag溶胶、Ag纳米膜增强基底。图2-1

是银溶胶纳米粒子透射电镜(TEM)图、组装银溶胶纳米粒子扫描电镜照片（SEM）图。由图2-1电镜图可以看出，银溶胶纳米粒子的直径为70-80nm左右。

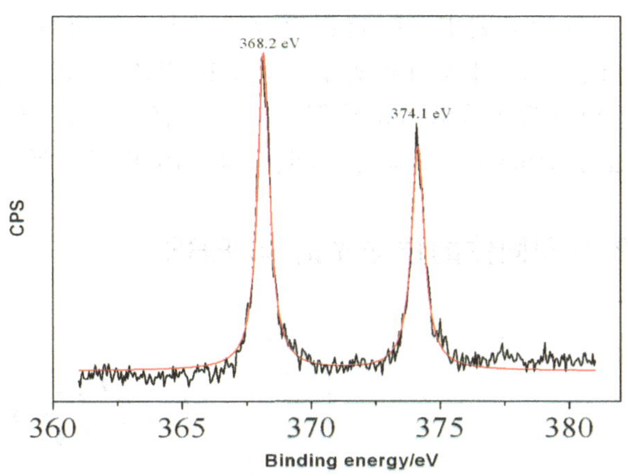

图2-2　组装在玻璃基底上的纳米银膜的XPS元素分析图

图2-2为XPS图，用来表征Ag纳米膜增强基底的表面化学组成。Ag纳米膜增强基底的XPS光电子能谱图在368.2ev和374.1ev处两个独立的峰归属于Ag的Ag3d5/2和Ag3d3/2，表明Ag纳米膜基底表面上Ag主要以金属Ag的形式存在。

2.3.2　2-MBI吸附在Ag溶胶及Ag纳米膜上的紫外光谱

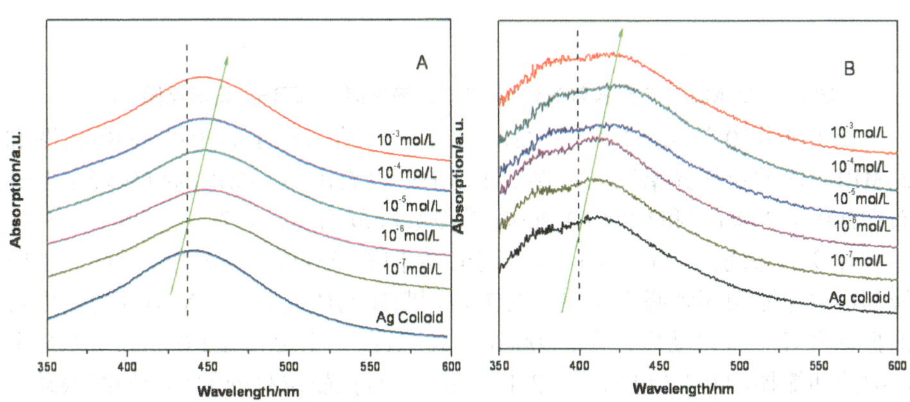

图2-3　不同浓度2-MBI溶液和Ag溶胶混合的紫外光谱图(A)，纳米银膜浸泡在不同浓度2-MBI溶液的紫外光谱图（B）

银溶胶和不同浓度的2-MBI以体积比9:1混合后，紫外可见近红外分光光度计分别扫描紫外可见吸收光谱，其中银溶胶的吸收光谱是稀释3倍测定的。从2-3图A上可以看出，银溶胶的紫外可见吸收光谱的最大吸收波长是445nm，在10^{-8}-10^{-3}mol·L^{-1}浓度范围内，随着2-MBI浓度的不断增大，银溶胶发生了不同程度的聚集，随聚集程度的增大，银溶胶的最大吸收波长发生了红移。在银溶胶组装的玻璃片上（如2-3图B所示），观察到了同样的变化趋势，和A图最大吸收峰的位置相比，银溶胶组装的玻璃片基底最大吸收峰位置发生了25nm左右的蓝移，即在420nm出现最大吸收。

2.3.3 2-MBI固体的拉曼光谱和SERS

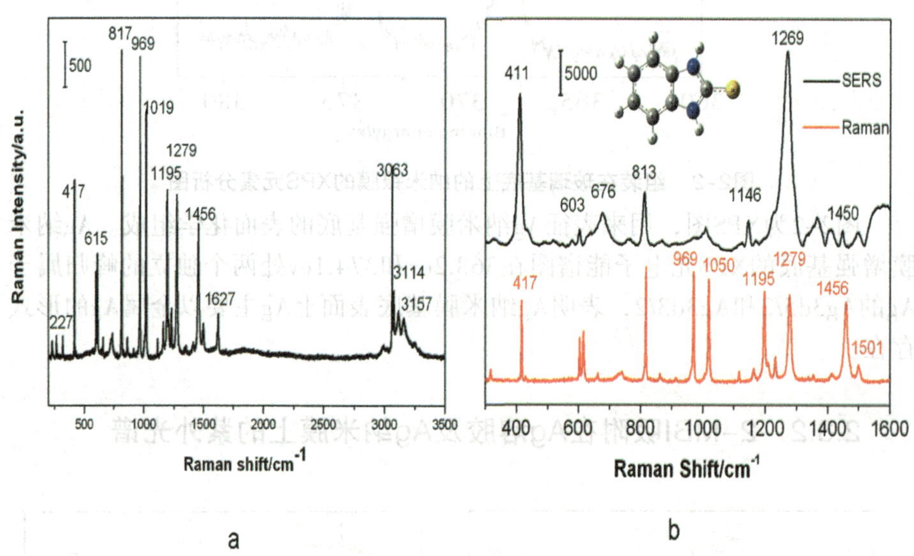

图2-4 2-MBI的常规拉曼光谱(a),常规拉曼光谱和SERS光谱对比图（b）

图2-4为10^{-3}mol·L^{-1}的2-MBI组装在Ag纳米粒子膜上的SERS谱图和2-MBI固体的拉曼光谱图。从图2-4 a 中可以看出，2-MBI的拉曼峰主要分布在200-1 700cm^{-1}和3 000-3 200cm^{-1}波数段范围内，417cm^{-1}归属于C-S 伸缩和环变形振动模， 615 cm^{-1}归属于C-S 伸缩及环呼吸振动模，817 cm^{-1}归属与C-C伸缩和环呼吸振动模，1279cm^{-1}归属与C-C伸缩、N-H键的面内弯曲振动和环呼吸振动模，在3 000cm^{-1}高波数段，主要存在3 063cm-1苯环上C-H的伸缩振动和3 114 cm^{-1}、3 157 cm^{-1}左右拉曼位移处的N-H伸缩振动。2 550-2 660cm^{-1}为-SH典型的伸缩振动特征谱带，在2-MBI的NRS谱图中确没有出现，据此推断2-MBI固体不是以硫醇形态而是以其同分异构体硫酮式

形态存在。2-MBI SERS谱图中411cm^{-1}、1 269cm^{-1}拉曼位移处谱峰分别对应NRS谱图中的417cm^{-1}和1 279cm^{-1}拉曼位移处的谱峰，这两处的峰均得到了非常明显的增强，实验中选取上述两个拉曼峰作为2-MBI的特征拉曼峰进行探讨。

2.3.4　2-MBI组装时间的研究

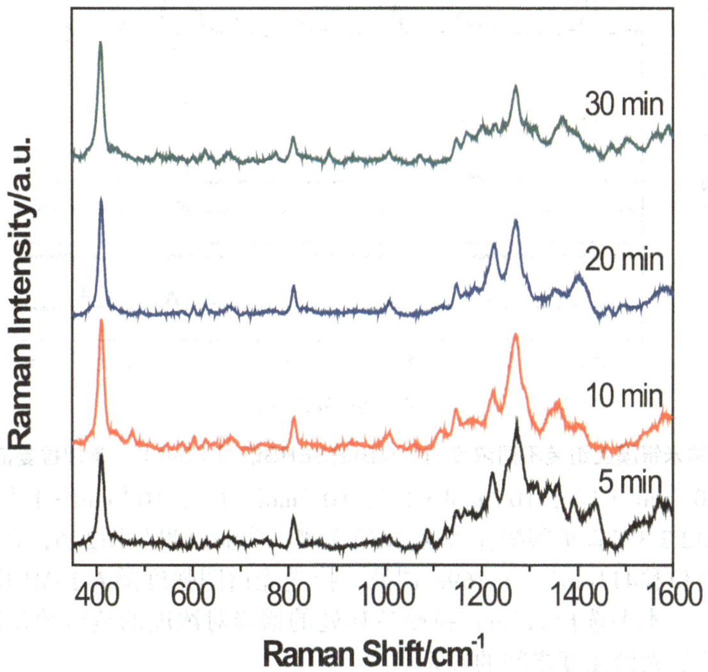

图2-5　2-MBI在纳米银膜上组装不同时间的SERS谱图

取10^{-4} mol · L^{-1}的2-MBI溶液，按照2.2.3实验步骤操作，其中2-MBI的浸泡时间为5min、10min、20min、30min，分别测定拉曼光谱，实验结果如图2-5所示，浸泡时间为5min时由于浸泡时间较短，吸附2-MBI分子个数较少，所以拉曼信号稍弱，但和较长时间吸附的拉曼信号相比，拉曼光谱图所显示的峰形基本上没有变化。10min、20min、30min时，拉曼光谱的特征峰强度变化不大，所以选择2-MBI组装在Ag纳米粒子膜上的时间为10min。

2.3.5 不同浓度2-MBI的SERS光谱

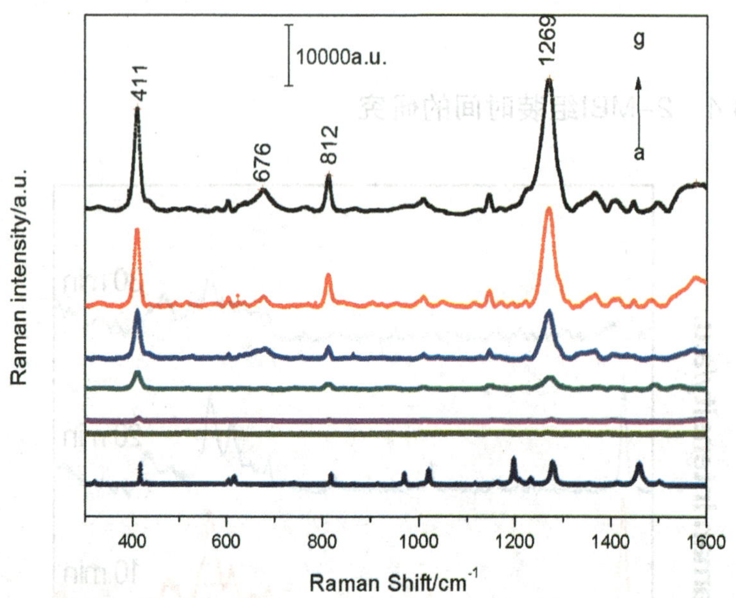

图2-6 纳米银膜上组装不同浓度的2-MBI的SERS谱图（b-f），常规拉曼谱图（a）.

取10^{-3} mol·L^{-1}、10^{-4} mol·L^{-1}、10^{-5} mol·L^{-1}、10^{-6} mol·L^{-1} 2-MBI溶液，按照2.2.3实验步骤操作,测定拉曼光谱，实验结果见图2-6，在2-MBI的特征拉曼位移411cm^{-1}、1 269cm^{-1}处，拉曼光谱图强度随着2-MBI浓度的增大而增强。本书选择411cm^{-1}拉曼位移处的谱峰对浓度的负对数作图，寻求浓度和拉曼光谱强度之间的关系。

2.3.6 2-MBI浓度相关曲线

以411cm^{-1}处的拉曼光谱峰强度对2-MBI浓度的负对数作图，如图2.7所示，在10^{-6}-10^{-3} mol·L^{-1}浓度范围内411cm^{-1}处的拉曼光谱峰强度和2-MBI浓度负对数关系的线性方程为：I=1 237.8logC+8 326.3,线性相关系数为0.9 998，相对标准偏差在0.025-0.084之间。该方法测定2-MBI的检测限为10^{-7}mol·L^{-1}。

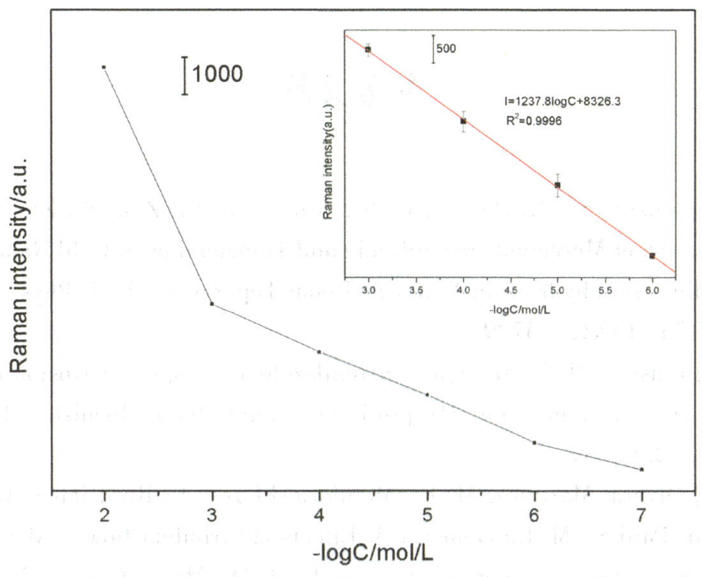

图2-7　411cm^{-1}谱峰强度和2-MBI浓度负对数校准曲线图

2.4　结论

以银溶胶组装在玻璃片上的纳米Ag模为SERS活性增强基底，获得了2-MBI的表面增强拉曼光谱，并对SERS特征峰进行了指认，确定了411cm^{-1}的特征峰为研究对象。研究了组装时间对SERS光谱的影响，确定2-MBI浸泡组装10min测定SERS光谱。411cm^{-1}拉曼位移处，拉曼光谱强度随2MBI浓度的增大而增强，以411cm^{-1}拉曼光谱强度对2-MBI浓度的负对数作图，在10^{-6} -10^{-3} mol · L^{-1}浓度范围内其线性方程为：I=1 237.8logC+8 326.3，线性相关系数为0.9 998；该SERS方法测定2-MBI的检测限为10^{-7}mol · L^{-1}。

参考文献

[105] Ansar, S. M.; Perera, G. S.; Ameer, F. S.; Zou, S.; Zhang, D. M. Desulfurization of Mercaptobenzimidazole and Thioguanine on Gold Nanoparticles Using Sodium Borohydride in Water at Room Teperature [J]. J. Phys. Chem. C, 2013, 117(26), 13722–13729.

[106] Finsgar, M. 2–Mercaptobenzimidazole as a copper corrosion inhabitor: Part I. Long–term immersion, 3D–profilometry,and electrochemistry [J]. Corros. Sci., 2013, 72, 82–89.

[107] Olvera–Martinez, M. E.; Mendoza–Flores, J.; Rordriguez–Gomez, F. J.; Palomar–Pardave M. E.; Genesca, J. Effects of turbulent flow on the corrosion inhibition properties of 2–mercaptobenzimidazole [J]. Mater. Corros., 2013, 64(6), 522–529.

[108] Xie, C.; Jia, Z. X.; Jia, D. M.; Luo, Y. F.; You, C. J. The Effect of Dy(III) Complex with 2–Mercaptobenzimidazole on the Thermo–Oxidation Aging Behavior of Natural Rubber Vulcanizates [J]. Int. J. Polym. Mater., 2010, 59(9), 663–679.

[109] Yang, C. J.; Luo, Y. Y.; Chen, B. Q.; Xu, K.; Zhong, J. P.; Peng, Z.; Wang, F. X. Effect of Types of Antioxidants on Crosslink Density and Tensile Properties of Epoxidized Natural Rubber [J]. Adv. Mater. Res., 2013, 750–752, 824–827.

[110] Sakemi, K.; Ito, R.; Umemura, T.; Ohno, Y.; Tsuda, M. Comparative toxicokinetic/toxicodynamic study of rubber antioxidants, 2–mercaptobenzimidazole and its methyl substituted derivatives,by repeated oral administration in rats [J]. Arch. Toxicol., 2002, 76(12), 682–691.

[111] Moldovan, Z.; Alexandrescu, L. Antioxidant used in rubber mixtures. Determination by derivative spectrometry [J]. Revista de Chime, 2002, 53(6), 468–471.

[112] Kankala, S.; Kankala, R. K.; Gundepaka, P.; Thota, N.; Nerella, S.; Gangula, M. R.; Guguloth, H.; Kagga, M.; Vadde, R.; Vasam, C. S. Regioselective synthesis of isoxazole–mercaptobenzimidazole hybrids and their in vivo analgesic and anti–inflammatory activity studies [J]. Bioorg. Med. Chem. Lett., 2013, 23(5),

1306–1309.

[113] Hosamani, K. M.; Shingalapur, R. V. Synthesis of 1,2–mercaptobenzimidazole Derivatives as Potential Anti–microbial and Cytotoxic Agent [J]. Arch der Pharmazie, 2011, 344(5), 311–319.

[114] Yamano, T.; Noda, T.; Shimizu, M.; Morita, S. The adverse effects of oral 2–mercaptobenzimidazole on pregnant rats and their fetuses [J]. Fundam. Appl. Toxicol., 1995, 25, 218–223.

[115] Parham, H.; Khoshnam, F. Solid phase extraction–preconcentration and high performance liquid chromatographic determination of 2–mercapto–(benzothiazole, benzoxazole and benzimidazole using copper oxide nanoparticles [J]. Talanta, 2013, 114, 90–94.

[116] Rastegrzadeh, S.; Rezaei, Z. B. Environmental assessment of 2–mercaptobenzimidazole based on the surface plasmon resonance band of gold nanoparticles [J]. Environ. Monit. Assess., 2013, 185(11), 9037–9042.

[117] Abolghasem, B.; siavash, R.; Eslam, P.; Mohanmmad, R.; Parviz, N. Simultaneous Spectrophotometric Determination of 2–mercaptobenzimidazole in Animal Tissue Using Multivariate Calibration Methods:Concerns and Rapid Methods for Detection [J]. J. Food Sci., 2010, 75(2), 135–139.

[118] Tian, Z. Q. Surface–enhanced Raman spectroscopy: advancements and applications [J]. J. Raman Spectrosc., 2005, 36, 6–7.

[119] Mao, Z.; Liu, Z.; Chen, L.; Yang, J.; Zhao, B.; Mee , J. Y.;Wang , X.; Zhao, C. Predictive Value of the Surface–Enhanced Resonance Raman Scattering–Based MTT Assay: A Rapid and Ultrasenstive Method for Cell Viability in Situ [J]. Anal. Chem., 2013, 85(15), 7361–7368.

[120] Yuan, Y. X.; Wei, P. J.; Qin, W.; Zhang, Y.; Yao, J. L.; Gu, R. A.Combined studies on the surface coordination chemistry of benzotriazole at cooperelectrode by direct electrochemical synthesis and surface enhanced Raman spectroscopy [J]. Euro. J. Inorg. Chem., 2007, 2007(31), 4980–4987.

[121] Zheng, H. L.; Yang, S. S.; Zhao, J.; Zhang, Z. C. Synthesis of RGO–Ag nanoparticles for high–performance SERS and the adsorption geometry of 2–mercaptobenzimidazole on Ag surface [J]. Appl. Phys. A , 2014, 114(3), 801–808.

[122] Lee, P. V.; Meisel, D. Adsorption and surface–enhanced Raman of dyes on silver and gold sols [J]. J. Phys. Chem., 1982, 86, 3391–3995.

[123] Han, X. X.; Kitahama, Y.; Itoh, T.; Wang, C. X.; Zhao, B.; Ozaki, Y.

Protein-Mediated Sandwich Strategy For Surface-Enhanced Raman Scattering: Application to Versatile Protein Detection [J]. Anal. Chem., 2009, 81(9), 3350-3355.

第3章　2-巯基苯并咪唑表面增强拉曼光谱的密度泛函理论研究

3.1　引言

2-巯基苯并咪唑（2-MBI）是一种杂环化合物，分子中存在共轭π键，同时存在杂原子N和S原子，可吸附在金属表面形成保护膜，又被用作金属表面的涂层剂[124-129]。Xue等研究了2-巯基苯并咪唑在Au/CaF_2和Ag/CaF_2基底上改变温度对表面增强拉曼光谱的影响，当温度改变到80℃时2-MBI分子通过和Ag/CaF_2基底生成Ag^+MBI^-产生化学增强，2-MBI在Au/CaF_2基底上改变温度仅仅是改变了分子在基底上的吸附方向[130]；Chan等用表面增强拉曼光谱法研究了吸附在铜表面并形成苯并咪唑合铜薄膜的苯并咪唑的振动结构分析[131-135]；Kim等对苯并咪唑和噻菌灵吸附在银镜基底上的表面增强拉曼光谱进行了报道，研究了pH对苯并咪唑和噻菌灵在基底上吸附方式的影响，指出在中性和酸性条件下，大部分分子主要通过π电子吸附在基底上，而在酸性条件下，一些分子通过S原子和N原子以稍微倾斜的方式吸附在基底上[136]。

本章利用密度泛函（DFT）理论，采用杂化密度泛函的Becke型3参数密度泛函模型，Lee-Yang-Parr泛函，简称B3LYP方法，Ag原子使用赝氏基组，H，C，N，S等原子使用6-31++G(d，p)基组，计算了2-巯基苯并咪唑（2-MBI）及其与银配合物（Ag-2-MBI，Ag_3-2-MBI）的Raman 光谱,并且利用VEDA4软件包计算结果对2-MBI的Raman光谱和实验光谱进行了详细的归属，并探讨了2-MBI在纳米银溶胶自组装玻璃片为基底的表面增强拉曼光谱增强机理。

3.2 实验方法

玻璃片依次用水-乙醇-丙酮-氯仿-丙酮-乙醇-水超声5分钟，然后浸泡按照体积比为3：7的比例配置的H_2O_2和H_2SO_4的混合液里，煮沸，直到没有气泡生成，冷却。经过上述处理的玻璃片去离子水反复冲洗，氮气吹干后，用0.5%的PDDA浸泡30min，再次用去离子水反复冲洗，氮气吹干，在银溶胶（根据Lee and Meisel的方法制备银溶胶）里浸泡3h[123]；经过处理后的SERS增强基底即银纳米颗粒组装的玻璃片浸泡在不同浓度的2-MBI的乙醇溶液里10min，分别测定SERS。LabRam Aramis Raman Microscope system拉曼光谱仪（法国Horiba-JobinYvon公司），光源为He-Ne激光器，激发线波长633nm，积分时间10s，积分次数1次。

3.3 计算方法

利用密度泛函理论，采用DFT中的B_3LYP杂化泛函[137-140]，B_3LYP为Becke型3参数密度泛函模型。此模型采用Lee-Yang-Parr泛函。H，C，N，S等原子使用6-31++G(d,p)基组进行几何构型的优化和理论拉曼光谱的计算，该基组是对体系中非氢原子添加一个极化轨道的同时对氢原子添加一个p极化函数，重原子和氢原子上同时加上弥散函数；Ag原子使用赝氏基组，对2-MBI、Ag-2-MBI和Ag_3-2-MBI进行了几何构型优化，并进行了拉曼光谱计算。用VEDA4程序进行分析，计算得到势能分布(PED)的结果[141-142]，对2-MBI的Raman光谱进行了指认归属。

3.4 结果与讨论

3.4.1 2-MBI及银配合物的几何构型

利用密度泛函理论，采用采用B_3LYP方法，Ag原子使用赝氏基组，H，C，N，S等原子使用6-31++G(d,p)基组，对2-MBI、Ag-2-MBI和Ag_3-2-MBI

进行了几何构型优化，结果如图3-1所示，构型优化结果的参数见表3-1。

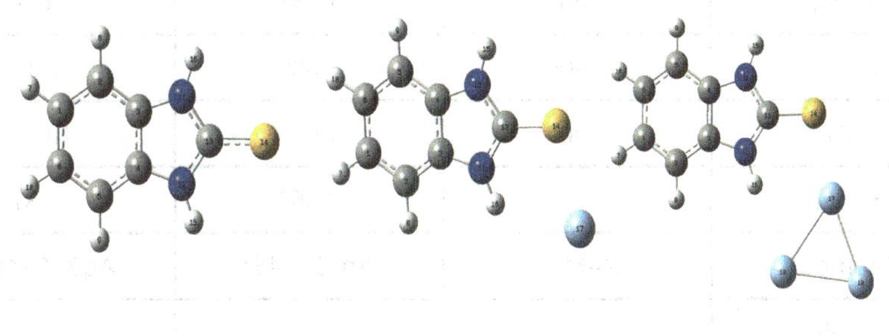

图3-1　2-MBI及Ag复合物的结构模型示意图

表3-1　2-MBI及Ag复合物的结构参数

Geometry	2MBI	Ag-2MBI	Ag3-2MBI
Bond Lengths（A）			
C_1C_2	1.400	1.399	1.398
C_2C_3	1.392	1.393	1.393
C_3C_4	1.410	1.408	1.407
C_4C_5	1.392	1.392	1.393
C_5C_6	1.400	1.399	1.398
C_1H_7	1.085	1.085	1.085
C_2H_8	1.085	1.085	1.085
C_5H_9	1.085	1.085	1.085
C_6H_{10}	1.085	1.085	1.085
C_3N_{11}	1.391	1.392	1.393
C_4N_{12}	1.392	1.393	1.394
$C_{13}N_{12}$	1.377		
$C_{13}N_{11}$		1.368	1.359

续表

$C_{13}S_{14}$	1.667	1.683	1.699
$N_{12}H_{15}$	1.009	1.009	1.010
$N_{11}H_{16}$	1.009	1.016	1.025
$S_{14}Ag_{17}$		2.863	2.587
Geometry	2-MBI	Ag-2-MBI	Ag3-2-MBI
Bond Angles (。)			
$C_3C_2C_1$	117.3	117.1	116.9
$C_4C_3C_2$	121.4	121.5	121.6
$C_5C_4C_3$	121.4	121.5	121.6
$C_6C_5C_4$	117.3	117.1	116.9
$C_2C_1H_7$	119.2	119.2	119.2
$C_1C_2H_8$	121.3	121.4	121.7
$C_4C_5H_9$	121.5	121.6	121.7
$C_5C_6H_{10}$	119.2	119.2	119.1
$C_2C_3N_{11}$	132.6	132.4	132.1
$C_3C_4N_{12}$	106.0	106.0	105.8
$C_4N_{12}C_{13}$	111.7		
$C_3N_{11}C_{13}$		111.3	110.9
$N_{12}C_{13}S_{14}$	127.7		
$N_{11}C_{13}S_{14}$		128.2	129.4
$C_4N_{12}H_{15}$	127.1		127.0
$C_3N_{11}H_{16}$	127.1	127.6	126.3
$C_{13}S_{14}Ag_{17}$		98.8	102.8
$C_4N_{12}H_{15}$		127.1	

续表

$S_{14}Ag_{17}Ag_{18}$			125.6
$S_{14}Ag_{17}Ag_{19}$			170.5
Dihedral Angles(。)	2-MBI	Ag-2-MBI	Ag3-2-MBI
$C_1C_2C_3C_4$	0.00	0.05	0.00
$C_2C_3C_4C_5$	0.01	-0.01	0.00
$C_3C_4C_5C_6$	-0.01	-0.02	0.00
$C_3C_2C_1H_7$	180	180	180
$C_6C_1C_2H_8$	180	-180	180
$C_3C_4C_5H_9$	180	-179.9	180
$C_4C_5C_6H_{10}$	-180	-180	180
$C_1C_2C_3N_{11}$	-180	180	-180
$C_2C_3C_4N_{12}$	180	-179.9	-180
$C_2C_3N_{11}C_{13}$		179.7	-180
$C_3C_4N_{12}C_{13}$	0.06	-180	
$C_4N_{12}C_{13}S_{14}$	180		
$C_3N_{11}C_{13}S_{14}$		-179.6	-180
$C_3C_4N_{12}H_{15}$	179.8	179.6	-180
$C_2C_3N_{11}H_{16}$	0.13	1.89	-0.01
$N_{11}C_{13}S_{14}Ag_{17}$		8.18	-0.03
$C_{13}S_{14}Ag_{17}Ag_{18}$			0.02
$C_{13}S_{14}Ag_{17}Ag_{19}$			-180

计算结果中没有虚频，表明优化得到的2-MBI、 Ag-2-MBI、Ag_3-2-MBI 分子结构是稳定的。2-MBI分子中二面角均是接近0° 或 ± 180° ，计算结果表明2-MBI分子是平面结构，2-MBI的C_4-N_{12}-C_{13}-S_{14}，Ag-2-MBI、Ag_3-2-MBI的N_{11}-C_{13}-S_{14}-Ag_{17}二面角分别是8.18° 、-0.03° ，表明2-MBI分子垂直吸附在银增强基底的表面并且未破坏平面结构。

3.4.2 2-MBI及银配合物的实验和理论拉曼光谱

2-MBI分子是在结构优化的结果上计算频率得到相应的拉曼光谱，并和实验测定的拉曼光谱、表面增强拉曼光谱进行比较，结果如图3-2、图3-3所示。根据VED4对相应的拉曼光谱进行归属，见表3-2。

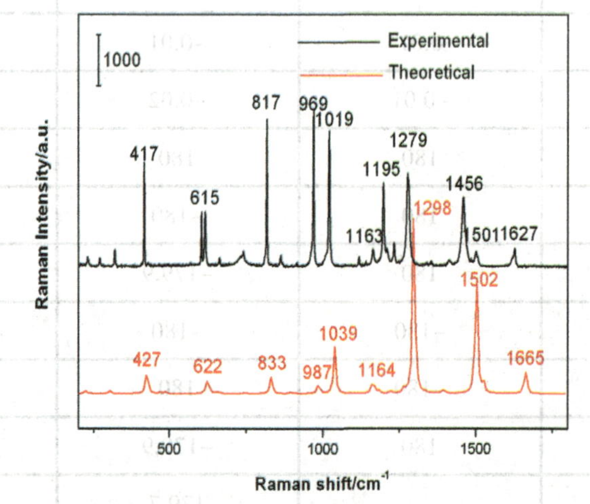

图3-2　2-MBI的常规拉曼光谱图和B3LYP/6-31++G(d,p)水平理论计算拉曼光谱图

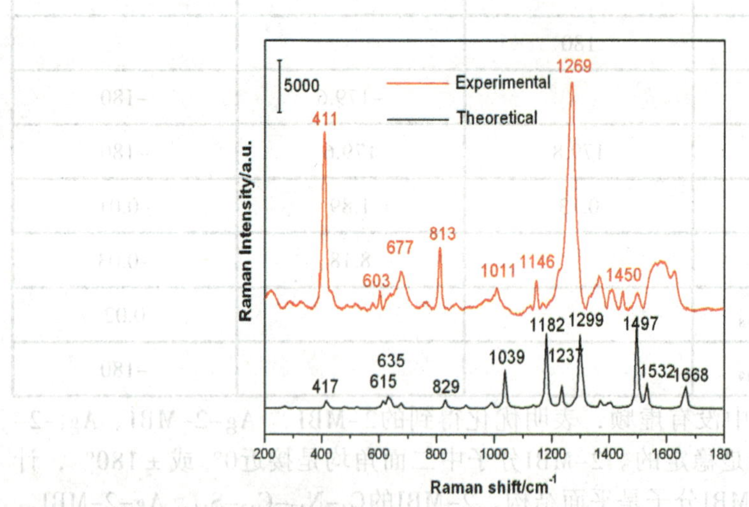

图3-3　2-MBI的SERS光谱图和B3LYP/6-31++G(d,p)/Lanl2dz水平上理论计算拉曼光谱图

表3-2　2-MBI实验和理论计算的振动频率及归属

mode	NRS peak/cm^{-1}	SERS peak/cm^{-1}	2MBI υ calc/cm^{-1}	Ag_3–2MBI	assignment
Q1			3 676		υ (NH)
Q2			3 674		υ (NH)
Q3			3 217		υ (CH)
Q4			3 209		υ (CH)
Q5			3 201		υ (CH)
Q6			3 192		υ (CH)
Q7	1 627		1 665	1 668	υ (CC)
Q8			1 658		υ (CC)+ δ (NH)
Q9			1 527	1 532	δ (CH)+ δ (NH)+ υ (CS)
Q10			1 524		δ (CH)+ δ (NH) + τ ring
Q11	1 456		1 502	1 497	δ (CH)+ δ (NH)+ υ (CN)
Q12			1 397		υ (CC) + υ (CS)
Q13			1 389		δ (CH)+ δ (NH)
Q14			1 333		δ (NH)+ β (NCN)
Q15	1 279	1 269	1 298	1 299	υ (CC) + β (HCC)+ υ ring
Q16			1 266		δ (CH)+ δ (NH)
Q17			1 222		δ (CH)+ δ (NH)+ τ ring
Q18		1 146	1 182	1 182	δ (CH)
Q19			1 164		δ (NH)
Q20			1 132		δ (CH)
Q21	1 019		1 039	1 039	δ (CH)
Q22	969		987		υ (CS) + β (NCN)
Q23			973		γ (CH)
Q24			925		γ (CH)
Q25			900		ring deformation
Q26			856		γ (CH)
Q27	817	813	833	829	υ (CC) + υ ring
Q28			761		γ (CH)+ γ (NH)
Q29			749		γ (CH)

续表

mode	NRS peak/cm^{-1}	SERS peak/cm^{-1}	2MBI υ calc/cm^{-1}	Ag_3-2MBI	assignment
Q30			659		γ (CH) + γ (NCC)
Q31			628		ring deformation
Q32	615	603	622		δ ring
Q33			580		τ ring
Q34			545		γ (NH)
Q35			488		γ (NH)
Q36			473		δ (CH)+ δ (NH)+ δ (CS)
Q37			428		γ （CH）+ γ ring
Q38	417	411	427	417	υ (CS) +ring deformation
Q39			303		γ (CS) + γ ring
Q40			243		γ ring
Q41			224		δ (CS)+ δ ring
Q42			103		γ (CS) + γ ring

υ :stretching; β ,in−plane bending; γ ,out−of−plane bending; τ ,torsion

2-MBI的拉曼峰主要分布在200–1 700cm^{-1}和3 000–3 200cm^{-1} 波数段范围内，417cm^{-1}归属于C–S 伸缩和环变形振动模，817 cm^{-1}归属与C–C伸缩和环呼吸振动模，1 279cm^{-1}归属与C–C伸缩、N–H键的面内弯曲振动和环呼吸振动模，在3 000cm^{-1}高波数段，主要存在3 063cm^{-1}苯环上C–H的伸缩振动和3 114 cm^{-1}、3 157 cm^{-1}左右拉曼位移处的N–H伸缩振动。2 550–2 660cm^{-1}为–SH典型的伸缩振动特征谱带，在2–MBI的NRS谱图中却没有出现，据此推断2–MBI固体不是以硫醇形态而是以其同分异构体硫酮式形态存在。

从图 3.3 可以看出，Ag_3–2–MBI 的计算拉曼光谱图和实验得到的 SERS 光谱图相比较拉曼光谱峰的位置和强度发生了一定的变化。417cm^{-1}、817cm^{-1}、1 279cm^{-1} 归属面内伸缩振动模的振动模式在 SERS 谱图中均得到了一定程度的增强，而 615cm^{-1}、1 019cm^{-1}、1 456cm^{-1} 归属面内弯曲振动模或 303cm^{-1}、428cm^{-1}、659cm^{-1}、761cm^{-1} 面外弯曲振动模的振动模式在 SERS 光谱图中均没有得到增强，根据表面增强拉曼散射定则可以判断吸附分子在金属表面的取向，而表面选择定则建立在电磁场增强模型的基础之上，与基底表面的垂直的振动模将得到很大的增强，而与基底表面平行的振动模增强非常小或不增强；距离基底表面近的振动模式增强较大，距离基底表面远的振动模式增强较小。据此推测当 2-MBI 和 SERS 增强基底作用时候，主要是通过 S 原子和基底发生作用，同时 2-MBI 分子中的 N 原子和苯环上的离域 π 电子也可以和 Ag 基底相互作用。

3.4.3　2-MBI的紫外可见吸收光谱

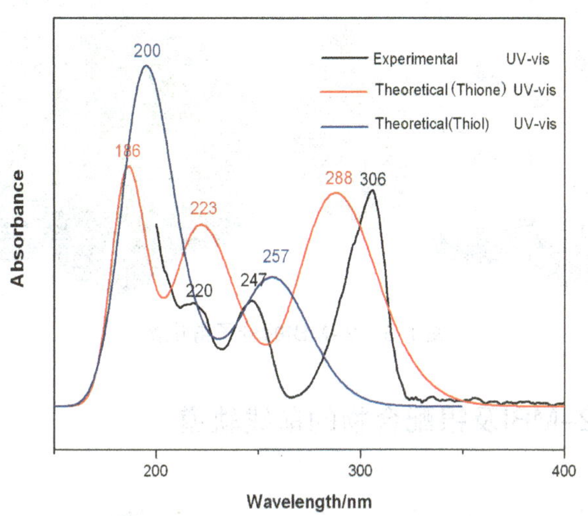

图3-4　实验（黑色）和理论计算（红色，硫酮式；蓝色，硫醇式）的2-MBI紫外光谱图

2-MBI分子的实验和理论计算的紫外可见光谱图如图3-4所示，实验中观察到2-MBI的紫外可见吸收光谱图在220nm、247nm、306nm呈现三个吸收峰，计算的2-MBI硫酮式结构的紫外可见吸收光谱图显示在186nm、223nm、288nm处呈现三个吸收峰，而2-MBI分子硫醇式结构的紫外吸收光谱图只在200nm和257nm呈现两个吸收峰，实验结果表明，本实验条件下2-MBI分子是以硫酮式的结构存在的。这里与计算的紫外吸收光谱图数据和实验的数据存在不同的原因是由于PCM计算模型引起的。

3.4.4　2-MBI分子的分子静电势

分子静电势图以不同的颜色描述分子的正、负、中性静电势分布区域，对于研究分子的结构和性质有重要的意义。在分子静电势分布图中（The mapping of the molecular electrostatic potential,MEP），红色代表负电荷或亲电区域，绿色代表正电荷或亲核区域，亲电区域通常是存在孤对电子或电负性较大的原子。蓝、绿、黄、橙、红色表示电负性逐渐变大。2-MBI 分子的静电势分布图（MEP）如图 3-5 所示，可以看出 S 原子上的电荷密度较大，当 2-MBI 和 SERS 增强基底作用时候，主要是通过 S 原子和基底发生作用。

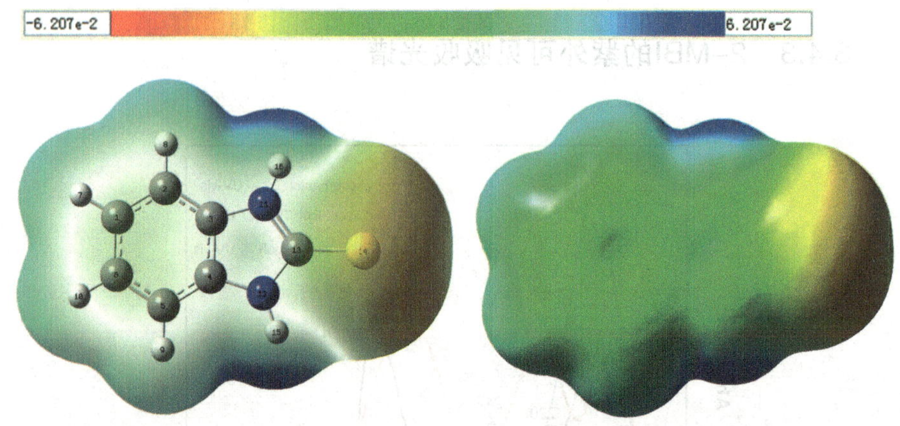

图3-5　2-MBI的分子静电势

3.4.5　2-MBI及银配合物的前线轨道

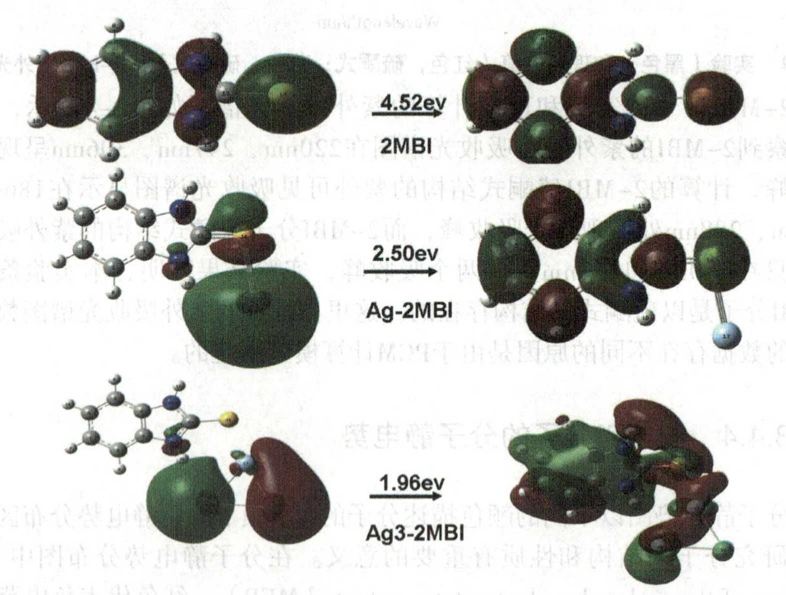

图3-6　2-MBI及Ag复合物的前线轨道和能级差

20世纪50年代日本科学家福井谦一提出了前线轨道理论，该理论认为最高占据轨道（HOMO）和最低空轨道（LUMO）对分子中电子得失转移以及分子间反应的空间取向等性质有着重要的作用。HOMO和LUMO轨道都是参与化学反应的主要轨道，表现的是给电子的能力，而LUMO轨道则反应了分子接受电子能力的强弱。如果分子HOMO-LUMO的能级差比较小，一般认为该分子是易于被极化的，一般具有比较高的化学反应活性。2-MBI、Ag-2-MBI、Ag_3-2-MBI的HOMO轨道和LUMO轨道的轨道图和能级差（如图3-6所示）。在B3LYP/6-31++G(d,p)方法对金属采取Lanl2dz level赝势基组条件下计算的2-MBI、Ag-2-MBI、Ag_3-2-MBI能级差分别是0.166 a.u. (4.52ev，λ =268nm)、0.0919a.u. (2.50ev，λ =497nm)、0.0719a.u.（1.96ev，λ =634nm）。计算结果表明2-MBI、Ag-2-MBI、Ag3-2-MBI的最高占据轨道和最低空轨道之间发生电子跃迁需要的电磁波波长范围在268nm-634nm之间，计算结果表明2-MBI分子在514nm和633nm激发线波长激发下易于发生共振拉曼现象，为如何选择合适的激发线波长测定2-MBI化合物吸附在Ag增强基底上的SERS光谱，提供了理论参考。

3.5　结 论

利用密度泛函（DFT）理论，采用B3LYP方法，Ag原子使用Lanl2dz赝氏基组，H，C，N，S等原子使用6-31++G(d,p) 基组，对2-MBI 、Ag-2-MBI、Ag_3-2-MBI的结构进行了优化，优化结果显示2-MBI、Ag-2-MBI、Ag_3-2-MBI为平面结构2-MBI分子垂直吸附在银增强基底的表面；计算了2-巯基苯并咪唑（2-MBI）及其与银配合物（Ag-2-MBI，Ag_3-2-MBI）的Raman 光谱,并利用VED4程序对Ag_3-2-MBI的Raman光谱和SERS实验光谱进行了详细的归属，DFT理论得到的结果说明根据DFT理论计算Ag_3-2-MBI得到的Raman 光谱与实验SERS谱基本一致； 2-MBI、Ag-2-MBI，Ag_3-2-MBI的HOMO与LUMO的能级差估计在268nm-634nm范围内，为如何选择合适的激发线波长以产生更好的电磁场共振提供了理论参考依据。

参考文献

[124] Sandhyarani, N.; Skanth, G.; Berchmans, S.; Yegnaraman, V.; Pradeep, T. A Combined Surface-Enhanced Raman-X-Ray Photoelectron Spectroscopic Study of 2-mercaptobenzimidazole Monolyers on Polycrystalline Au and Ag Films Original [J]. J. Colloid Interf. Sci., 1999, 209(1), 154–161.

[125] Wang, G.; Harrison, A.; Li, X.; Whittaker, G.; Shi, J.; Wang, X.; Yang, H.; Cao, P.; Zhang, Z. Study of the adsorption of benzimidazole and 2-mercaptobenzimidazole on an iron surface by confocal micro-Raman spectroscopy[J]. J. Raman Spectrosc., 2004, 35(12), 1016–1022 .

[126] Zhang, D. Q.; Gao, L. X.; Zhou, G. D. Synergistic effect of 2-mercapto benzimidazole and KI on copper corrosion inhibition in aerated sulfuric acid solution[J]. J. Appl. Electrochem., 2003, 33(5), 361–366.

[127] Adrian, M. G.; Timothy, G. W. Consistent assignment of the vibrations of monosubstituted benzenes [J]. J. Chem. Phys., 2011, 135, 114305.

[128] Parham, H.; Khoshnam, F. Solid phase extraction-preconcentration and high performance liquid chromatographic determination of 2-mercapto-(benzothiazole, benzoxazole,and benzimidazole) using copper oxide nanoparticles [J]. Talanta, 2013, 114, 90–94.

[129] Lezcano, M.; Soufi, W. A.; Novo, M.; Núñez, E. R.; Tato, J. V. Complexation of Several Benzimidazole- Type Fungicides with α- and β-Cyclodextrins [J]. J. Agric. Food Chem., 2002, 50(1), 108–112.

[130] Xue, G.; Lu, Y. Various Adsorption States of 2-Mercaptobenzimidazole on the Surfaces of Gold and Silver Studied by Surface Enhanced Raman Scattering [J]. Langmuir, 1994, 10(3), 967–969.

[131] Chan, H. Y. H.; Weaver, M. J. A Vibrational Structural Analysis of Benzotriazole Adsorption and Phase Film Formation on Copper Using Surface-Enhanced Raman Spectroscopy [J]. Langmuir, 1999, 15(9), 3348–3355.

[132] Doneux, Th.; Tielens, F.; Geerlings, P.; Buess-Herman, Cl. Experimental and Density Functional Theorey Study of the Vibrational Properties of 2-Mercaptobenzimidazole in Interaction with Gold [J]. J. Phys. Chem. A, 2006, 110(39), 11346–11352.

[133] Mary, L. L.; Lars L.; Keith, T. C. Surface Structure Determination of Thin Films of Benzimidazole on Copper Using Surface Enhanced Raman Spectroscopy [J]. Langmuir, 1993, 9(1), 186–191.

[134] Cao, P. G.; Gu, R. A.; Tian, Z. Q. Electrochemical and Surface-Enhanced Raman Spectroscopy Studies on Inhibition of Iron Corrosion by Benzotriazole [J]. Langmuir, 2002, 18(20), 7609–7615.

[135] Keith, T. C.; Xue, G.; Mary, L. L. A Surface Enhanced Raman Spectroscopy Study of the Corrosion-Inhibiting Properties of Benzimidazole and Benzotriazole on Copper [J]. Langmuir, 1991, 7(1), 2–4.

[136] Kim, M. S.; Kim, M. K.; Lee, C. J.; Jung, Y. M.; Lee, M. S. Surface-enhanced Raman Spectroscopy of Benzimidazole Fungicides: Benzimidazole and Thiabendazole [J]. Bull. Korean Chem. Soc., 2009, 30(12), 2930–2934.

[137] Becke, A. D. Density-functional exchange-energy approximation with correct asymptotic behavior [J]. Phys. rev. A, 1988, 38, 3098–3100.

[138] Becke, A. D. Density-functional thermochemistry Ⅲ. The role of exact exchange [J]. J. Chem. Phys., 1993, 98, 5648–5652.

[139] Zhuang, Z. P.; Cheng, J. B.; Wang, X.; Zhao, B.; Han, X. X.; Luo, Y. J. Surface-enhanced Raman spectroscopy and density functional theory study on 4,4′-biphyridine molecule [J]. Spectrochim. Acta A, 2007, 67, 509–516.

[140] Li, R.; Ji, W.; Chen, L.; Lv, H. M.; Cheng J. B.; Zhao, B. Vibrational spectroscopy and density functional theory study of 4-mercaptophenol [J]. Spectrochim. Acta A, 2014, 122, 698–703.

[141] Jamróz, M. H. Vbrational energy distribution analysis（VEDA）: Scopes and limitations [J]. Spectrochim. Acta. A, 2013, 114,220–230.

[142] Jamróz, M. H. Vbrational Energy Distribution Analysis VEDA 4 program. Warsaw, 2004.

[143] Boontongto, T.; Santaladchaiyakit, Y.; Burakham, R. Alternative Green Preconcentration Approach Based on Ultrasound-Assisted Surfactant-Enhanced Emulsification Microextraction and HPLC for Determination of Benz imidazole Anthelmintics in Milk Formulae [J]. Chromatographia, 2014, 77(21), 1557–1562.

[144] Santaladchaiyakit, Y.; Srijaranai, S. Alternative solvent-based methyl benzoate vortex-assisted dispersive liquid-liquid microextraction for the high-performance liquid chromatographic determination of benzimidazolefungicides in environmental water samples [J]. Sep. Sci., 2014, 37(22), 3354–3361.

[145] Santaladchaiyakit, Y.; Srijaranai, S.; Burakham, R. Low Toxic Organic Solvent-Based Ultrasound-Assisted Emulsification Microextraction for the Residue Analysis of Benzimidazole Anthelmintics in Egg Samples by High Performance Liquid Chromatography [J]. Food Anal. Methods, 2014, 7(10), 1973–1981.

[146] Lipka , E.; Charton, J.; Vaccher C. Development of HPLC/ fluorescence detection method for chiral resolution of dansylated benzimidazoles derivatives [J]. Biomed. Chromatogr. , 2014, 28(1), 4–9.

第4章　表面增强拉曼光谱法测定 5-氨基-2-巯基苯并咪唑

4.1　引言

以苯并咪唑环为母体的苯并咪唑类化合物在农业上常被用作蔬菜水果的杀菌驱虫剂、柑橘类水果的防腐剂，这类药物具有高效、低毒、广谱的特点，可用来防治黑穗病、水稻稻瘟病，瓜类白粉病、炭疽病、灰霉病等多种真菌病害，医疗上还被用作抗寄生虫的药物。但是当高剂量使用时，对多种动物体有致畸和胚胎毒性。因此，建立测定苯并咪唑类化合物的简便、快捷、准确的定性定量方法尤为必要。

研究报道的苯并咪唑类化合物的分析方法主要为高效液相色谱法[143-146]，Vichapong 等[147] 用微萃取结合高效液相色谱方法测定了鸡蛋中的苯并咪唑类化合物，Deng X.J.等[148]采用磁性材料固相萃取，高效液相色谱荧光法测定了水果中的苯并咪唑类杀菌剂，而表面增强拉曼光谱测定的方法鲜有报道。

Nie和Qian等[10-12，149-152]的研究小组研究结果表明表面增强拉曼光谱可以实现单分子检测，增强因子甚至可以达到10^{14}-10^{15}，能够检测吸附在金属表面的单分子层或亚单分子层的分子[153-156]。本章采用盐酸羟胺还原的Ag溶胶为增强基底，用表面增强拉曼光谱法（SERS）测定了5-氨基-2-巯基苯并咪唑（5-A-2MBI）[157-158]，获得了5-A-2MBI较为全面的分子结构信息，用VED4软件计算结果对SERS特征峰进行了指认，确定了386cm^{-1}拉曼位移处的的特征峰为研究对象，SERS方法检测5-氨基-2-巯基苯并咪唑（5-A-2MBI）的检测限为$5\times10^{-7}mol\cdot L^{-1}$。

4.2 实验部分

4.2.1 试剂

5-氨基-2-巯基苯并咪唑，Tokyo chemical公司；盐酸羟胺（AR），国药集团化学试剂有限公司；NaOH（AR），北京化工厂。

4.2.2 银溶胶的制备

采用盐酸羟胺络合法制备银溶胶[159-160]。准确称取34mg $AgNO_3$，用180mL去离子水中溶解；将42mg盐酸羟胺溶于10mL去离子水中，并加入9.0mL0.1mol·L^{-1}氢氧化钠溶液，将上述溶液混合，磁力搅拌10min，得到乳黄色银胶。

4.2.3 仪器及测定

LabRam Aramis Raman Microscope system 拉曼光谱仪（法国Horiba-JobinYvon公司），光源为He-Ne激光器，激发线波长选择785nm，积分时间30s，积分2次；JSM-6700F的扫描电子显微镜（日本JEOL），加速电压为5.0Kv；UV3600的紫外-可见-近红外分光光度计（日本Shimadzu）。

向0.8mL银溶胶中分别加入0.1mL5-A-2-MBI溶液，随后加入0.1mL 0.1g·L^{-1}的NaCl溶液，混合均匀后，即测定SERS光谱。所有数据处理采用光谱仪自带软件NGSLabSpec1-Origin中的Baseline correction 进行处理，并用Origin 7.5工具作图。

4.3　结果与讨论

4.3.1　SERS基底的表征

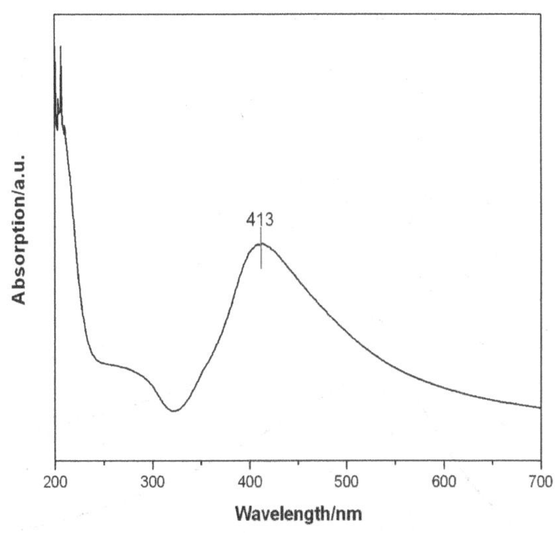

图4-1　Ag溶胶的紫外吸收光谱图

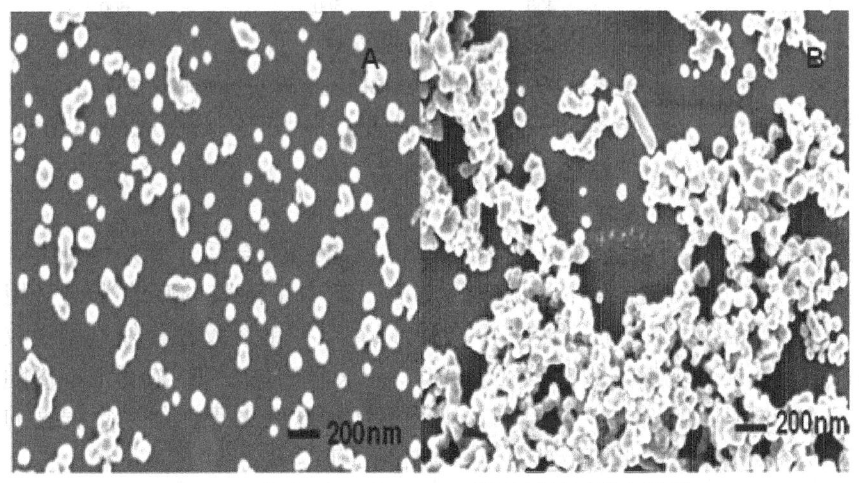

图4-2　Ag溶胶 (A)，和5A2MBI混合后的透射电镜图(B)

图4-1为Ag溶胶的紫外-可见光谱，盐酸羟胺还原的Ag溶胶最大吸收峰

在413纳米处，一般较窄的半峰意味着较窄的粒径分布，最大吸收峰向长波方向移动，代表粒径变大[161-163]，由Ag溶胶、10^{-5} mol・L^{-1}的5-A-2MBI溶液混合的扫描电镜图（如图4-2所示）可以看出，盐酸羟胺还原法制备的Ag溶胶粒径在100nm左右，和5-A-2MBI溶液混合后发生了较大程度的聚集。

4.3.2 银溶胶和5-A-2MBI混合后的紫外光谱

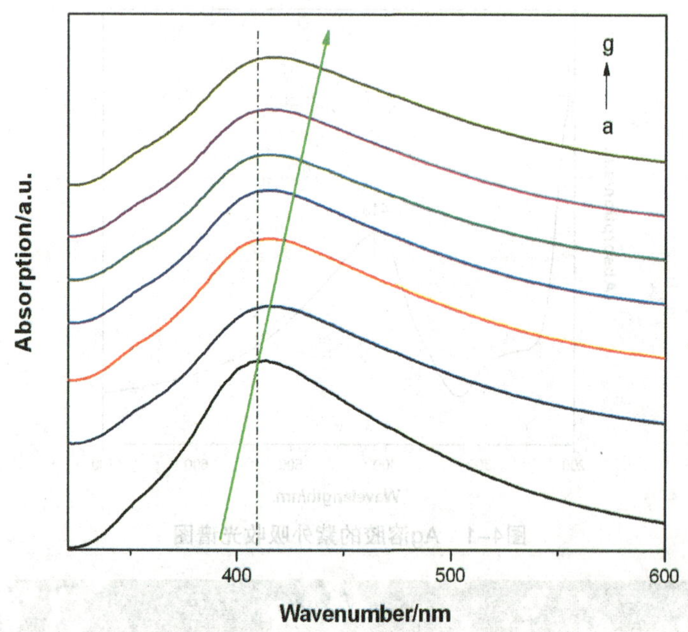

图4-3 Ag溶胶和不同浓度的5A2MBI混合后的紫外吸收光谱图

浓度 /(mol・L^{-1}): a. Ag 溶胶b. 5×10^{-7};c. 10-6;d. 2×10^{-6};e. 4×10^{-6};f. 6×10^{-6};g. 8×10^{-6}

银溶胶和不同浓度的5-A-2MBI以体积比9:1混合后，紫外可见近红外分光光度计分别扫描紫外可见吸收光谱，其中银溶胶的吸收光谱是用去离子水1:1稀释后测定的。从图4-1上可以看出，银溶胶的紫外可见吸收光谱在413nm处出现最大吸收，在5×10^{-7} -8×10^{-6} mol・L^{-1}浓度范围内随着5-A-2MBI浓度的增大，银溶胶发生了不同程度的聚集，随聚集程度的增大，银溶胶的最大吸收波长发生了不同程度的红移。

4.3.3　5-A-2MBI的拉曼光谱和SERS

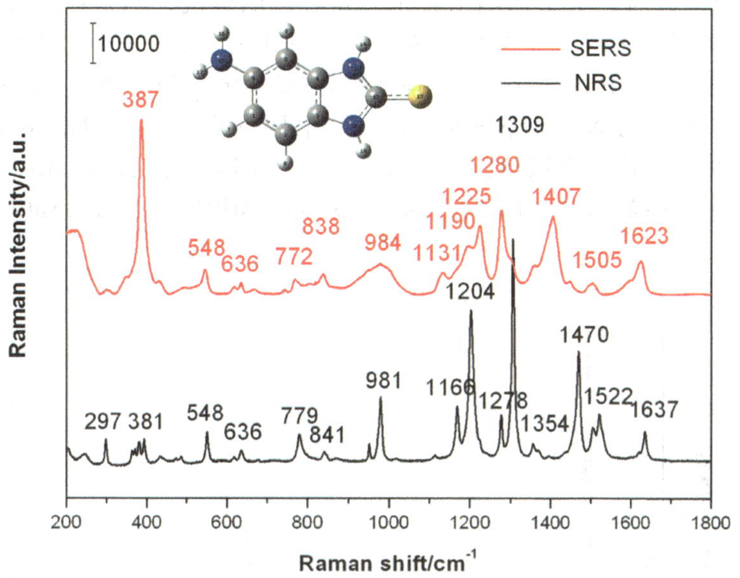

图4-4　5-A-2-MBI的常规拉曼光谱和SERS光谱

取10^{-5} mol · L^{-1}的5-A-2-MBI溶液，按照4.2.3测定方法，用共聚焦纤维拉曼光谱仪（Horiba-JobinYvon Aramis）测定5-A-2-MBI固体的拉曼光谱和SERS光谱图，如图4-4所示。SERS谱图中387cm^{-1}、1 407cm^{-1}拉曼位移处谱峰分别对应NRS谱图中的381cm^{-1}、1 470cm^{-1}拉曼位移处的谱峰，这两处的峰均得到了非常明显的增强。利用密度泛函理论，采用B3LYP方法，Ag原子采用赝氏基组，H、C、N、S原子采用(B_3LYP)/6-31++G(d,p)基组，通过计算Ag_3-5-A-2MBI的拉曼光谱并用VEDA4进行了指认[156-158]，387cm^{-1}拉曼位移处归属于C-S 伸缩振动模，1 407cm^{-1}拉曼位移处归属与C-S的伸缩振动和环变形，而归属于面外振动模和环变形的548cm^{-1}、636cm^{-1}、739cm^{-1}、841cm^{-1}的振动模在SERS光谱图中并没有得到增强或变化不明显，根据拉曼光谱选择定则，垂直于基底表面的振动模将得到很大的增强，而与基底表面平行的振动模增强非常小或不增强，表明5-A-2-MBI以近垂直的方式以S原子和SERS Ag基底结合[164]，同时分子中的-NH_2上的N原子和苯环上的离域π电子也可以和Ag基底相互作用。

4.3.4 聚沉剂NaCl加入量对拉曼信号的影响

NaCl加入时，会引起纳米粒子一定程度的聚沉，纳米粒子大量连接在一起，将引起纳米粒子局域表面等离子体共振发生叠加，将产生更多的SERS活性热点（Hot spots），因而引起拉曼增强。为得到较强的SERS信号，实验中研究了NaCl的加入量对Raman 信号的影响。结果如图4-5所示，从图4-5可以看出，在银溶胶中加入5-A-2-MBI后，再加入NaCl，得到的SERS增强效果最好，故而实验选取先加5-A-2-MBI后，再加入NaCl。

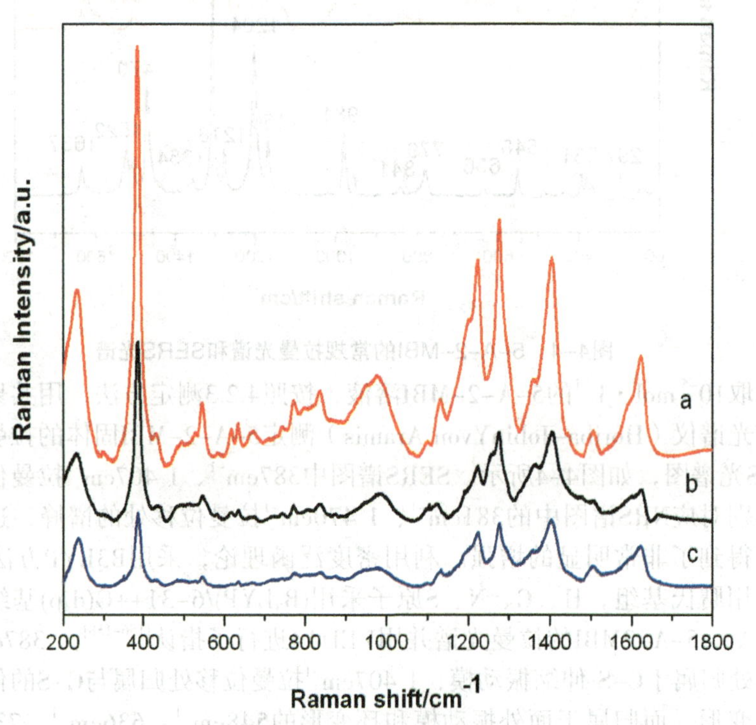

图4-5 NaCl加入顺序对5-A-2-MBI的SERS光谱的影响

a: 混合后加 NaCl;

b: 不加NaCl;

c: 先加NaCl

4.3.5　不同扫描时间对拉曼强度的影响

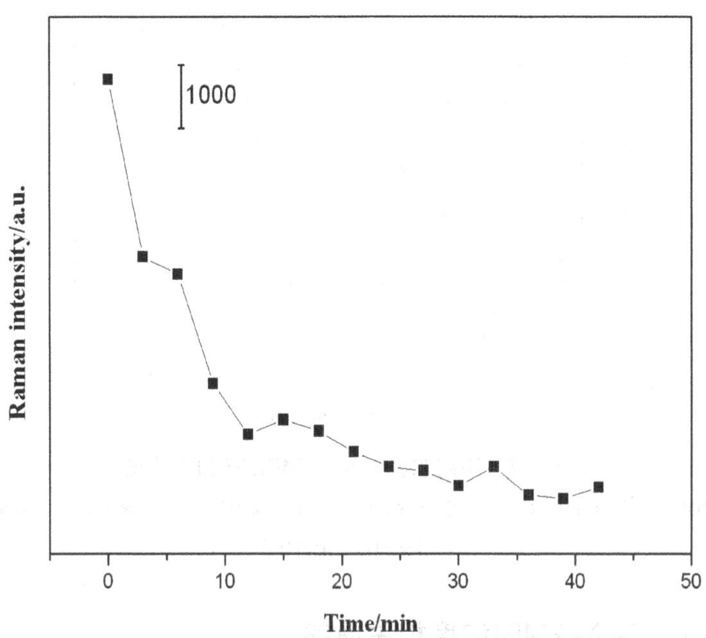

图4-6　5-A-2-MBI的不同扫描时间的SERS光谱

取4×10^{-6} mol・L^{-1}的5-氨基-2-巯基苯并咪唑溶液，按照4.2.3实验步骤操作,混合后每隔3min扫描一次拉曼光谱，以387cm^{-1}拉曼位移处的谱峰强度对时间作图，实验结果如图4-6所示，混合后即测，发现拉曼信号最强，说明短时间内，银溶胶基底和待测分子完成了很好的吸附，随着时间的变化，银溶胶基底逐渐聚沉，拉曼信号逐渐降低，20min以后，拉曼信号趋于稳定，但信号较弱，本节选择即混即测的方法测定5-氨基-2-巯基苯并咪唑的拉曼光谱。

4.3.6　不同浓度的5-A-2-MBI的SERS光谱

取不同浓度的 5-A-2-MBI 溶液，按照 4.2.3 实验步骤操作，测定拉曼光谱，实验结果如图 4-7 所示，在 5-A-2-MBI 的特征拉曼位移 387cm^{-1} 处，拉曼光谱图强度随着 5-A-2-MBI 浓度的增大而增强。本节选择 387cm^{-1} 拉曼位移处的谱峰对 5-A-2-MBI 的浓度作图，寻求浓度和拉曼光谱强度之间的关系。

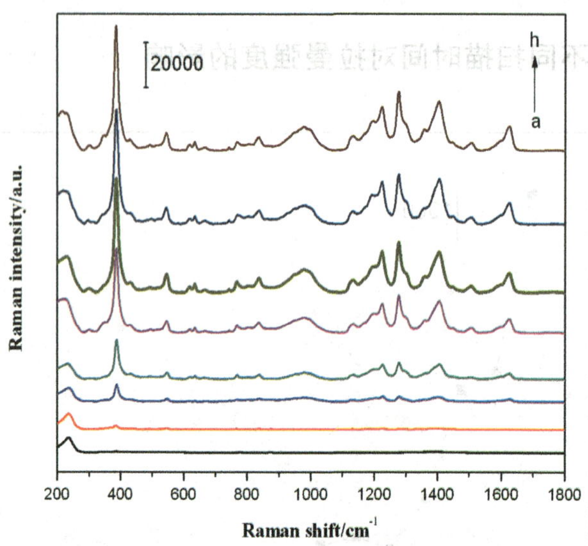

图4-7　不同浓度5-A-2-MBI的SERS光谱

浓度 /(mol · L^{-1}): a.10^{-7} b. 5×10^{-7}； c. 10^{-6}； d. 2×10^{-6}； e. 4×10^{-6}； f. 6×10^{-6}； g. 8×10^{-6}； h.10^{-5}

4.3.7　5-A-2MBI浓度相关曲线

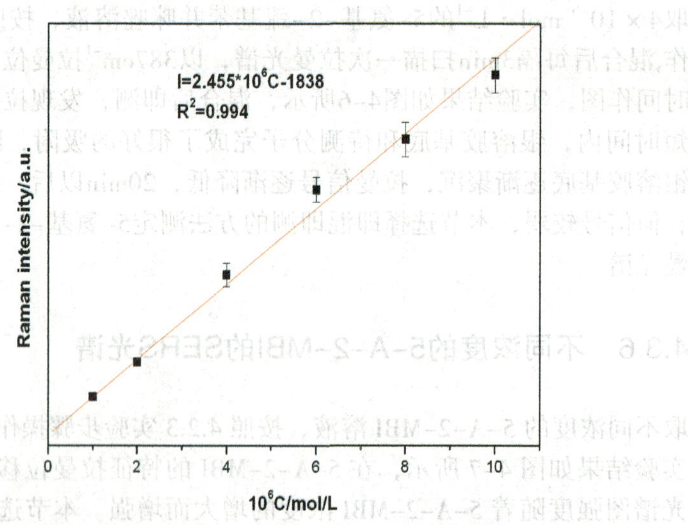

图4-8　387cm^{-1}谱峰强度和5-A-2-MBI浓度校准曲线

以387cm^{-1}处的拉曼光谱峰强度对5-A-2-MBI浓度作图，如图4-8所示，在$10^{-6}-10^{-5}$ mol·L^{-1}浓度范围内线性方程为：$I=2.455\times10^{6}C-1838$,线性相关系数为0.9973，相对标准偏差在0.053-0.088之间。SERS方法测定5-A-2MBI浓度的检测限为5×10^{-7}mol·L^{-1}。

4.4 结论

以盐酸羟胺还原的Ag溶胶为SERS活性基底，检测了5-A-2-MBI的表面增强拉曼光谱，获得了5-A-2-MBI较为全面的分子结构信息，结合密度泛函理论计算、利用VEDA4计算结果对SERS特征峰进行了指认，确定了387cm^{-1}的特征峰为研究对象。研究了NaCl加入先后顺序对SERS光谱的影响，实验选取先加5-A-2-MBI后，再加入NaCl。387cm^{-1}拉曼位移处，拉曼光谱强度随5-A-2-MBI浓度的增大而增强，以387cm^{-1}拉曼光谱强度对2MBI浓度的负对数作图，在$10^{-6}-10^{-5}$ mol·L^{-1}浓度范围内线性方程为：$I=2.455\times10^{6}C-1838$,线性相关系数为0.9973，相对标准偏差在0.053-0.088之间。SERS方法测定5-A-2-MBI浓度的检测限为5×10^{-7}mol·L^{-1}。

参考文献

[147] Vichapong, J.; Santaladchaiyakit, Y.; Burakham, R.; Srijaranai, S. Determination of Benzimidazole Anthelminthics in Eggs by Advanced Microextraction with High-Performance Liquid Chromatography [J]. Anal. Lett., 2015, 48(4), 617-631.

[148] Deng, X. J.; Chen, X. P.; Lin, K.; Ding, G. S.; Yao, P. Rapid and Selective Determination of Trace Benzimidazole Fungicides in Fruit Juices by Magnetic Solid-Phase Extraction Coupled with High-Performance Liquid Chromatography-Fluorescence Detection [J]. Food Anal. Methods, 2013, 6(6), 1576-1582.

[149] Qian, X. M.; Nie, S. M. Single-molecule and single-nanoparticle SERS: from fundamental mechanisms to biomedical applications [J]. Chem. Soc. Rev., 2008, 37, 912-920.

[150] William, E. D.; Nie, S. M. Single-molecule and single-nanoparticle

SERS: Examining the Roles of Surface Active Sites and Chemical Enhancement [J]. J. Phys. Chem. B, 2002, 106(2), 311–317.

[151] Kneipp, J,; Kneipp, H.; Kneipp K. SERS–a single–molecule and nanoscale tool for bioanalytics [J]. Chem. Soc. Rev., 2008, 37, 1052–1060.

[152] Hering, K.; Cialla, D.; Ackermann, K.; Dörfer, T. Möller, R.; Schneidewind, H.; Mattheis, R.; Fritzsche, W.; Rösch, P.; Popp, J. SERS:a versatile tool in chemical and biochemical diagnostics [J]. Anal. Bioanal. Chem., 2008, 390(1), 113-124.

[153] Shen, W.; Lin, X.; Jiang, C. Y.; Li, C. Y.; Lin, H. X.; Huang, J. T.; Wang, S.; Liu, G. K.; Yan, X. M.; Zhong, Q. L.; Ren, B. Reliable Quantitative SERS Analysis Facilitated by Core–Shell Nanoparticles with Embedded Internal Standards [J]. Angew. Chem., 2015, 127(25), 7416–7420.

[154] Steidtner, J.; Pettinger, B. Tip–Enhanced Raman Spectroscopy and Microscopy on Single Dye Molecules with 15nm Resolution [J]. Phys. Rev. Lett., 2008, 100, 236101.

[155] Cañamares, M. V.; Chenal, C.; Birke , R. L.; Lombardi, J. R. DFT, SERS, and Single-Molecule SERS of Crystal Violet [J]. J. Phys. Chem. C, 2008, 112(51), 20295-20300.

[156] Kneipp, K.; Haka, A. S.; Kneipp, H.; Badizadegan, K.; Yoshizawa, N.; Boone, C.; Shafer–Peltier, K. E.; Motz, J. T.; Dasari, R. R.; Feld, M. S. Surface–enhanced Raman spectroscopy in single living cells using gold nanoparticles [J]. Appl. Spectrosc., 2002, 56(2), 150–154.

[157] Shervedani, R. K.; Yaghoobi, F.; Hatefi–Mehrjardi, A.; Siadat–Barzoki S. M. Electrocatalytic activities of gold–5–amino–2–mercaptobenzimidazole–Mn^{+} self–assembled monolayer complexes (Mnn^{+}: Ag^{+}, Cu^{2+}) for hydroquinone oxidation investigated by CV and EIS [J]. Electrochim. Acta, 2008, 53(12), 4185–4192.

[158] Rajamohan, R.; Kothai Nayaki, S.; Swaminathan, M. A Study on Host–Guest Complexation of 5–Amino–2–Mercaptobenzimidazole with beta–Cyclodextrin [J]. J. Solution Chem., 2011, 40, 803–817.

[159] 李小灵, 徐蔚青, 张俊虎, 贾慧颖, 赵冰, 杨柏. 盐酸羟胺络合法制备银溶胶及表面增强拉曼基底 [J]. 高等学校化学学报, 2003, 24(4), 707–710.

[160] Leopold, N.; Lendl, B. A New Method for Fast Preparation of Highly Surface–Enhanced Raman Scattering (SERS) Active Colloids at Room Temperature by Reduction of Silver Nitrate with Hydroxylamine Hydrochloride [J].

J. Phys. Chem. B, 2003, 107(24), 5723–5727.

[161] Hu, J. W.; Zhao, B.; Xu, W. Q.; Fan, Y. G.; Li, B. F.; Ozaki, Y. Simple Method for Preparing Controllably Aggregated Silver Particle Films Used as Surface-Enhanced Raman Scattering Active Substrates [J]. Langmuir, 2002, 18(18), 6839–6844.

[162] Wang, Y. X.; Song, W.; Ruan, W. D.; Yang, J. X.; Zhao, B.; Lombardi, J. R. SERS Spectroscopy Used To Study an Adsorbate on a Nanoscale Thin Film of CuO Coated with Ag [J]. J. Phys. Chem., 2009, 113(19), 8065–8069.

[163] He, S. T.; Yao, J. N.; Jiang, P.; Shi, D. X.; Zhang, H. X.; Xie, S. S.; Pang, S. J.; Gao, H. J. Formation of Silver Nanoparticles and Self-Assembled Two-Dimensional Ordered Superlattice [J]. Langmuir, 2001, 17(5), 1571–1575.

[164] Moskovits, M. Surface selection rules [J]. J. Chem. Phys., 1982, 77, 4408–4416.

第5章 5-氨基-2-巯基苯并咪唑表面增强拉曼光谱的密度泛函理论研究

5.1 引言

密度泛函采用泛函方法对薛定谔方程进行求解，由于包含电子相关，计算结果要比HF（Hartree-Fock）更好。在计算过程中一些新的关于交换相关能被引入[165-167]，立场的精确预测被提高了，随着在求解的过程中一阶导数解析法[168]以及二级导数解析法[169-171]的引入，使得计算容易进行，Dixon等[172-174]采用电子密度函数，讨论了电子相关效应，体系的状态被更为精确地描述，B3LYP更为精确的泛函方法的建立，促进了密度泛函理论的广泛应用。DFT理论的发展[175-177]，使分子的振动光谱特别是使大分子振动光谱的计算更为快捷，被成功应用于解释分子的振动信息，以及包括含杂原子的分子。

本章利用密度泛函（DFT）理论，采用B3LYP方法，Ag原子使用Lanl2dz赝氏基组，H，C，N，S等原子使用6-31++G(d，p)基组，计算了5-氨基-2-巯基苯并咪唑（5-A-2-MBI）及其与银配合物（Ag-5-A-2-MBI，Ag_3-5-A-2-MBI）的Raman光谱，并且利用VEDA4软件计算结果对Ag_3-5-A-2-MBI的Raman光谱和SERS实验光谱进行了详细的归属，并探讨了Ag_3-5-A-2-MBI以盐酸羟胺还原法制备的纳米银溶胶为基底的表面增强拉曼光谱增强机理。

5.2 实验方法

采用盐酸羟胺络合法制备银溶胶[159-160]。准确称取34mg $AgNO_3$溶于180mL去离子水中；将42mg盐酸羟胺溶于10mL去离子水中，并加入9.0mL 0.1mol · L^{-1}氢氧化钠水溶液，将两种溶液混合，磁力搅拌器搅拌10min，得到乳黄色银胶。向0.8mL银溶胶中分别加入0.1mL 5-A-2-MBI溶液，然后再加入0.1mL 0.1g · L^{-1}的NaCl溶液，混合均匀后，即测定SERS。LabRam Aramis Raman Microscope system 拉曼光谱仪（法国Horiba-JobinYvon公司），光源为He-Ne激光器激发光源波长785nm，积分时间30s，积分2次。

5.3　计算方法

利用密度泛函理论，采用采用B3LYP方法，Ag原子使用Lanl2dz赝氏基组，H，C，N，S等原子使用6-31++G(d,p)基组，对5-A-2MBI及其与银配合物（Ag-5-A-2MBI、Ag3-5-A-2MBI）进行了几何构型优化，并进行了拉曼光谱和红外光谱计算。用VEDA4程序进行分析5-A-2MBI的Raman光谱图中主要的振动模式进行了归属指认。

5.4　结果与讨论

5.4.1　5-A-2-MBI及银配合物的分子结构

利用 DFT 之 B3LYP 方法，对 H，C，N，S 等原子使用 6-31++G(d,p) 基组，Ag 原子使用 Lanl2dz 赝氏基组，对 5-A-2MBI、Ag-5-A-2MBI 和 Ag_3-5-A-2MBI 进行了几何构型优化，结果如图 5-1 所示。构型优化结果的参数见表 5-1。

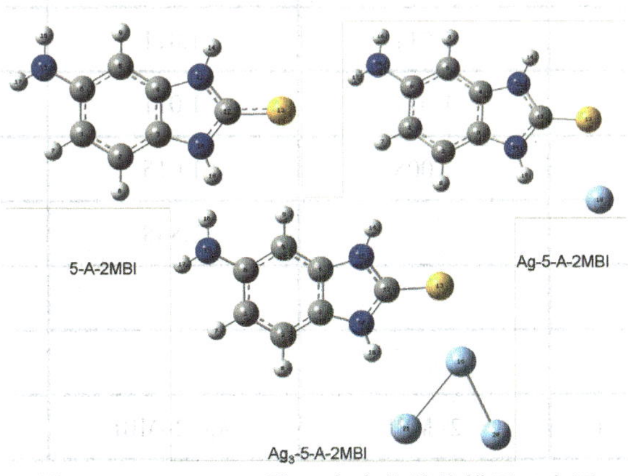

图5-1　5-A-2MBI及Ag复合物结构模型示意图

表5-1　5-A-2MBI及Ag复合物的优化结构参数

Geometry	5-A-2MBI 6-31++G(d,p)	Ag-5-A-2MBI Calculated	Ag_3-5-A-2MBI Calculated
Bond Lengths(Å)			
C_1C_2	1.398	1.396	1.394
C_2C_3	1.390	1.392	1.393
C_3C_4	1.407	1.406	1.405
C_4C_5	1.391	1.391	1.392
C_5C_6	1.407	1.407	1.406
C_1H_7	1.086	1.086	1.086
C_2H_8	1.085	1.085	1.085
C_5H_9	1.086	1.086	1.086
C_3N_{10}	1.396	1.397	1.397
C_4N_{11}	1.390	1.392	1.393
$N_{10}C_{12}$	1.373	1.363	1.355
$C_{12}S_{13}$	1.670	1.686	1.702
$N_{11}H_{14}$	1.009	1.009	1.009
C_6N_{15}	1.401	1.398	1.397
$N_{15}H_{16}$	1.011	1.011	1.011
$N_{15}H_{17}$	1.011	1.011	1.011
$N_{10}H_{18}$	1.008	1.015	1.023
$S_{13}Ag_{19}$		2.848	2.582
$Ag_{19}Ag_{20}$			2.697
$Ag_{19}Ag_{21}$			2.786
Bond Angles (。)	2-MBI	Ag-2-MBI	Ag_3-2-MBI

续表

Geometry	5-A-2MBI 6-31++G(d,p)	Ag-5-A-2MBI Calculated	Ag_3-5-A-2MBI Calculated
$C_1C_2C_3$	117.9	117.8	117.6
$C_2C_3C_4$	120.5	120.6	120.7
$C_3C_4C_5$	122.0	122.2	122.3
$C_4C_5C_6$	117.8	117.6	117.4
$C_2C_1H_7$	119.2	119.1	119.1
$C_1C_2H_8$	120.5	120.7	120.9
$C_4C_5H_9$	121.4	121.5	121.6
$C_2C_3N_{10}$	133.3	133.1	132.9
$C_3C_4N_{11}$	106.0	105.9	105.7
$C_3N_{10}C_{12}$	111.5	111.1	110.8
$N_{10}C_{12}S_{13}$	128.0	128.4	129.6
$C_4N_{11}H_{14}$	127.3	127.2	127.0
$C_5C_6N_{15}$	120.0	120.1	120.2
$C_6N_{15}H_{16}$	115.7	116.1	116.3
$C_6N_{15}H_{17}$	115.4	115.8	116.0
$C_3N_{10}H_{18}$	127.2	127.7	126.4
$C_{12}S_{13}Ag_{19}$		98.8	102.7
$S_{13}Ag_{19}Ag_{20}$			170.0
$S_{13}Ag_{19}Ag_{21}$			126.2
Dihedral Angles(。)	2-MBI	Ag-2-MBI	Ag_3-2-MBI
$C_1C_2C_3C_4$	0.06	0.09	0.04
$C_2C_3C_4C_5$	-0.07	-0.06	-0.10

续表

Geometry	5-A-2MBI 6-31++G(d,p)	Ag-5-A-2MBI Calculated	Ag_3-5-A-2MBI Calculated
$C_3C_4C_5C_6$	0.01	-0.04	0.05
$C_3C_2C_1H_7$	-179.6	-179.6	-179.6
$C_6C_1C_2H_8$	-179.9	-179.9	-179.9
$C_3C_4C_5H_9$	179.5	179.5	179.6
$C_1C_2C_3N_{10}$	-179.8	-179.9	-179.9
$C_2C_3C_4N_{11}$	-179.9	-179.9	-179.9
$C_2C_3N_{10}C_{12}$	179.9	179.7	179.9
$C_3N_{10}C_{12}S_{13}$	179.9	-179.5	-180
$C_3C_4N_{11}H_{14}$	-179.7	179.8	-179.8
$C_4C_5C_6N_{15}$	177.0	177.2	177.1
$C_5C_6N_{15}H_{16}$	25.8	24.8	24.1
$C_5C_6N_{15}H_{17}$	159.1	159.5	159.7
$C_2C_3N_{10}H_{18}$	-0.24	2.24	0.24

计算结果中没有虚频，表明优化得到的5-A-2-MBI，Ag-5-A-2-MBI，Ag_3-5-A-2-MBI 分子结构是稳定的。5-A-2-MBI 及其银配合物结构中的二面角均是接近0° 和±180°，其中5-A-2-MBI的C_3-N_{10}-C_{12}-S_{13}的二面角是179.9°，Ag-5-A-2-MBI和Ag_3-5-A-2-MBI的C_3-N_{10}-C_{12}-S_{13}二面角是-179.5° 和-180°，N_{10}-C_{12}-S_{13}-Ag_{19}的二面角是9.19° 和0.73°，表明5-A-2-MBI、Ag-5-A-2-MBI、Ag_3-5-A-2-MBI均是平面结构，5-A-2-MBI分子垂直吸附在银增强基底的表面并且未破坏平面结构。

5.4.2 5-A-2-MBI及银配合物的拉曼光谱及指认

5-A-2-MBI及银配合物分子在结构优化的结果上计算频率得到相应的拉曼光谱，并和实验测得的拉曼光谱进行了比较，结果如图5-2、5-3所示并根据VED4计算结果，对相应的拉曼光谱进行了归属，表5-2所示。

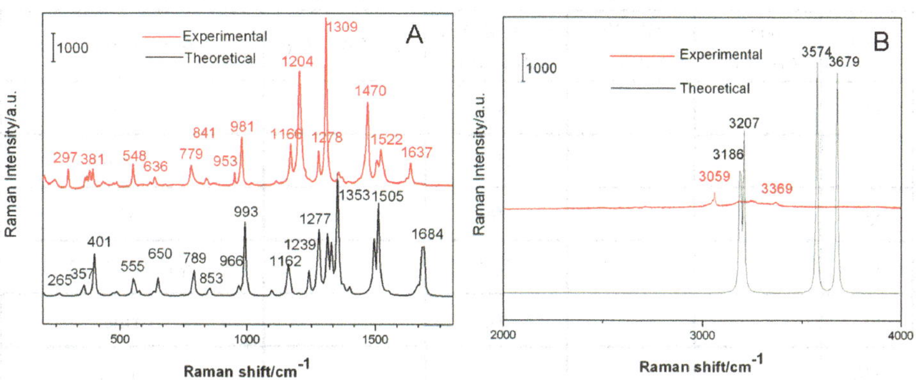

图5-2　5-A-2MBI的SERS谱图（红色）和Ag3复合物计算的谱图（黑色）

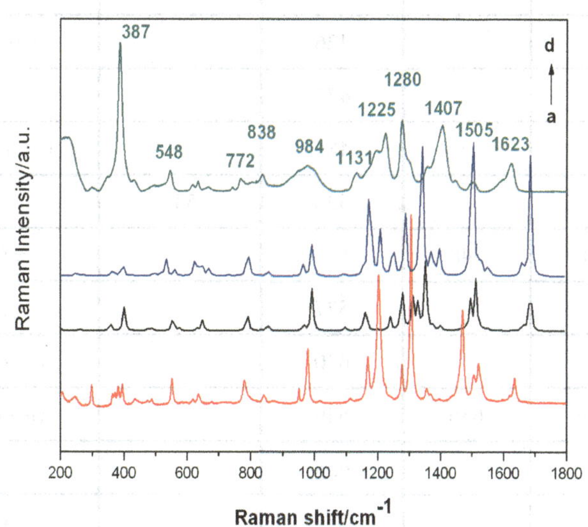

图5-3　5-A-2MBI的实验和理论计算的拉曼光谱图

a. ）常规拉曼光谱(红色)

b. ）5-A-2MBI理论计算的拉曼光谱 (黑色)

c. ）Ag_3-5-A-2MBI理论计算的拉曼光谱 (蓝色)

d. ）5-A-2MBI的SERS光谱图(暗青色)

表5-2 5-A-2MBI实验和理论计算的振动频率及归属指认

mode	NRS peak/cm^{-1}	SERS peak/cm^{-1}	5-A-2MBI υ calc/cm^{-1}	Ag_3-5A-2MBI	assignment
Q1			86		γ ring
Q2			182		τ ring
Q3			199		δ (CS)
Q4			257		γ (NH)-NH2
Q5			265		τ ring
Q6			357		δ (CN)
Q7			358	366	δ (CN)
Q8	381	387	400	395	υ (CS)
Q9			426		δ (CH)+ δ (NH)
Q10			475		γ (NH)
Q11			486		δ (CH)+ δ (NH) + υ ring
Q12			536	531	γ (NH)
Q13	548	548	555		γ (NH)-NH2
Q14			577		γ (NH)-NH2
Q15			630		γ （CH）+ γ ring
Q16	636	636	649		ring deformation
Q17			658		γ (CS)
Q18			744		γ （CH）+ γ ring
Q19	779	772	789	793	ring deformation
Q20			804		γ （CH）
Q21			832		γ （CH）
Q22	841	838	853	853	γ （CH）
Q23			920		γ （CH）
Q24	953		966	966	δ (CH)+ δ (NH)+ υ (CC)

续表

mode	NRS peak/cm^{-1}	SERS peak/cm^{-1}	5-A-2MBI υ calc/cm^{-1}	Ag_3-5A-2MBI	assignment
Q25	981	984	993	994	υ (CS)+ δ (CH)+ β (NCN)
Q26			1097		δ (NH)-NH2
Q27			1154	1156	δ (CH)+ δ (NH)
Q28		1131	1163	1175	δ (CH)+ δ (NH)
Q29			1199	1208	δ (CH)+ δ (NH)
Q30	1166		1239	1249	δ (CH)+ δ (CS)
Q31	1204	1225	1277	1288	δ (CH)+ δ (NH)
Q32	1278		1320	1340	δ (CH)+ δ (NH)+ δ (CS)
Q33	1309	1280	1353	1373	δ (CS)+ring deformation
Q34			1376	1395	δ (CH)+ δ (NH)
Q35	1358		1399		υ (CS)+ring deformation
Q36	1470	1407	1505	1502	υ (CS)+ring deformation
Q37			1518		δ (CH)+ δ (NH)+ υ (CS)
Q38			1549		δ (CH)+ δ (NH)+ υ ring
Q39			1656		δ (NH)+ υ ring
Q40			1665		δ (NH)-NH2
Q41	1637	1623	1684	1686	δ (CH)+ δ (NH)+ υ ring
Q42	3059		3185		υ (CH)
Q43			3193		υ (CH)
Q44			3207		υ (CH)
Q45	3369		3574		υ (NH)-NH2
Q46			3677		υ (NH)
Q47			3680		υ (NH)
Q48			3680		υ (NH)

υ :stretching; δ ,in-plane bending; γ ,out-of-plane bending; τ ,torsion

5-A-2-MBI的固体拉曼峰主要分布在200-1 700cm^{-1}和3 000-3 500cm^{-1}波数范围内，381cm^{-1}归属于C-S 伸缩振动模，554cm^{-1}归属于-NH_2上的N-H面外摇摆振动模，636 cm^{-1}归属与环变形振动模，789cm^{-1}归属与环变形振动模，981cm^{-1}归属于C-S键的伸缩振动、C-H的面内摇摆和咪唑环上N-C-N的面内弯曲，1 204cm^{-1}归属于C-H、N-H的面内摇摆振动模，1 358cm^{-1}、1 470cm^{-1}归属与C-S的伸缩振动和环变形，在3 000cm^{-1}高波数段，主要存在3 059cm^{-1}苯环上C-H的伸缩振动和3 369cm^{-1}拉曼位移处的N-H伸缩振动。2 550-2 660cm^{-1}为-SH典型的伸缩振动特征谱带，在5-A-2MBI的NRS谱图中确没有出现，据此推断5-A-2MBI固体不是以硫醇形态而是以其同分异构体硫酮式形态存在。

381cm^{-1}归属于C-S 伸缩振动模、1 358cm^{-1}、1 470cm^{-1}归属与C-S的伸缩振动和环变形的振动模，1 204cm^{-1}、1 309cm^{-1}等归属于面内振动模的振动模在SERS谱图中均得到了不同程度的增强，而归属于面外振动模和环变形的548cm^{-1}、636cm^{-1}、739cm^{-1}、841cm^{-1}的振动模在SERS光谱图中并没有得到增强或变化不明显，根据表面增强拉曼散射定则可以判断吸附分子在金属表面的取向，而表面选择定则建立在电磁场增强的模型基础之上，即与基底表面垂直的振动模将得到很大的增强，而与基底表面平行的振动模增强较小或不增强；靠近基底表面的振动模增强较大，距基底表面远的振动模增强较小。实验现象表明5-A-2-MBI以近垂直的方式以咪唑环上的S和SERS 增强Ag基底发生作用，同时分子中的-NH_2上的N原子和苯环上的离域π电子也可以和Ag基底相互作用。

5.4.3 5-A-2-MBI分子的分子静电势

分子静电势图以不同的颜色描述分子的正、负、中性静电势分布区域，对于研究分子的结构和性质有重要的意义。在分子静电势分布图中(The mapping of the molecular electrostatic potential,MEP),红色代表电负性较大或亲电区域，绿色代表电负性较小或亲核区域，亲电区域通常是有孤对电子或电负性较大的原子存在。蓝、绿、黄、橙、红色表示电负性逐渐变大。5-A-2-MBI分子的静电势分布图（MEP）如图5-4所示，可以看出S原子上的电荷密度较大，当5-A-2-MBI和SERS增强基底作用时候，主要是通过S原子和基底发生作用，同时分子中苯环上的离域π电子和-NH_2上的N原子和也可能和Ag基底相互作用。

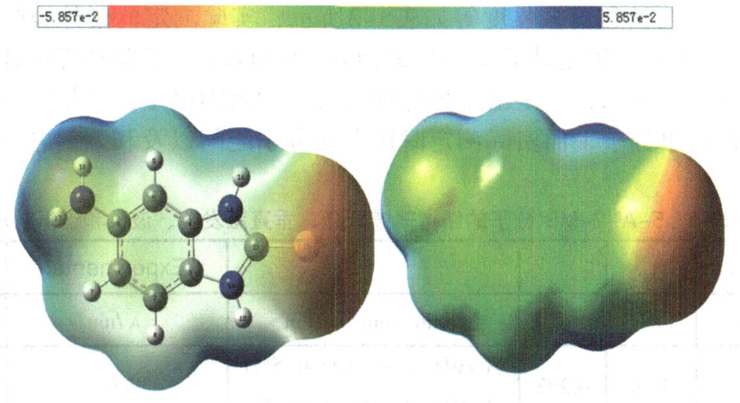

图5-4　5-A-2MBI的分子静电势图

5.4.4　5-A-2-MBI及银配合物的吸收光谱和前线轨道

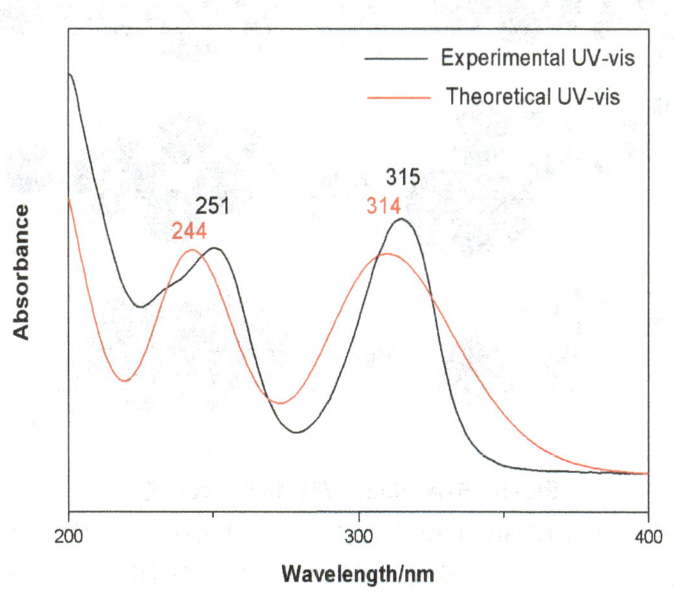

图5-5　5-A-2MBI的实验（黑色）和理论（红色）紫外光谱图

5-A-2-MBI分子实验和理论计算的紫外吸收光谱如图5-5所示，当激发线的波长接近或落在分子-金属体系的电子吸收谱带内时，出现共振现象导致某些振动模式的拉曼强度会大大增加，强度与激发过程的谐振强度相关。利用TDDFT激发态计算所得到5-A-2-MBI分子的结构轨道跃迁、垂直激发能、波长和谐振强度等如表5-3所示，实验测定的紫外吸收波长是251nm和315nm，理论计算的结果是244nm和314nm，实验和理论计算的数据存在差异的原因，一是由于理论计算设计的PCM模型；二是因为在计算时是考虑的单分子，而实际测定时还存在分子之间以及和溶剂之间的相互作用力。

表5-3 5-A-2-MBI分子的结构轨道跃迁、垂直激发能、波长和谐振强度

theoretical				Experimental	
λ /nm	E/eV	f	Major contribution	λ /nm	E/eV
244	5.08	0.202	HOMO-2→LUMO(40.5%) HOMO→LUMO+1(31.7%)	251	4.95
311	4.00	0.366	HOMO→LUMO+1(80.4%)	351	3.54

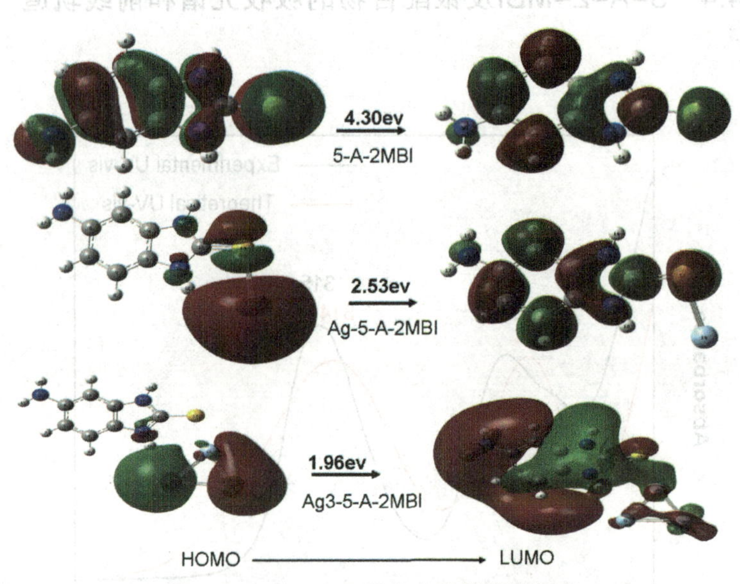

图5-5 5-A-2MBI及复合物的前线轨道

最高占据轨道（HOMO）和最低空轨道（LUMO）以及它们之间的能级差是量子化学里非常重要的参数，可以判断分子之间相互作用的方式，所以常常被称之为“前线轨道”。5-A-2-MBI 、Ag-5-A-2-MBI、Ag_3-5-A-2-MBI的HOMO轨道和LUMO轨道的能级差如图5-6所示。计算得到的能级差分别估计在0.158a.u. (4.30ev，λ =289nm)，0.093a.u. (2.53ev λ =491nm)，0.072a.u. (1.96ev，λ =634nm)。计算结果表明5-A-2-MBI 、Ag-5-A-2-MBI、Ag_3-5-A-2-MBI的最高占据轨道和最低空轨道之间发生电子跃迁需要

的电磁波波长范围在289nm-634nm之间，此结果对如何选择合适的激发线波长测定5-A-2-MBI化合物吸附在Ag增强基底表面上的SERS，提供了有意义的信息。

5.5 结 论

利用密度泛函（DFT）理论，采用B3LYP方法，Ag原子使用Lanl2dz赝氏基组，H，C，N，S等原子使用6-31++G(d,p)基组，对5-A-2-MBI 、Ag-5-A-2-MBI、Ag_3-5-A-2-MBI的结构进行了优化，优化结果显示5-A-2-MBI 、Ag-5-A-2-MBI、Ag_3-5-A-2-MBI为平面结构，5-A-2MBI 、Ag-5-A-2-MBI、Ag_3-5-A-2-MBI分子垂直吸附在银增强基底的表面；计算了5-氨基-2-巯基苯并咪唑（5-A-2-MBI）及其与银配合物（Ag-5-A-2-MBI、Ag_3-5-A-2-MBI）的Raman 光谱,并且利用VEDA4软件包计算结果对5-A-2-MBI计算得到的Raman光谱和实验光谱进行了归属指认，DFT理论计算得到的Raman 光谱与实验SERS谱基本一致；5-A-2-MBI 、Ag-5-A-2-MBI、Ag_3-5-A-2-MBI计算得到的HOMO与LUMO的能级差处于电磁波波长为289nm-634nm范围内，为选择合适的电磁波激发线波长以产生更好的电磁场共振提供了理论参考依据。

参考文献

[165] Vosko, S. H.; Wilk, L.; Nusair, M. Accurate spin-dependent electron liquid correlation energies for local density calculation:a critical analysis [J]. Can. J. Phys., 1980, 58(8), 1200-1211.

[166] Kohn, W.; Sham, L. J. Self-consistent equations including exchange and correlation effects [J]. Phys. Rev. A, 1965, 140, 1133-1138.

[167] Lee, C.; Yang, W. T.; Parr, R. G. Development of Colle-Salvetti correlation-energy formula into a functional of the electron density [J]. Phys. Rev. B, 1988, 37, 785-789.

[168] Andzelm, J.; Wimmer, E. Density functional Gaussian-type-orbital approach to molecular geometries vibrations,and reaction energies [J]. J. Chem.

Phys., 1992, 96, 1280–1303.

[169] Fournier, R. Second and third derivatives of the linear combination of Gaussian type orbitals–local spin density energy [J]. J. Chem. Phys., 1990, 92(9), 5422–5429.

[170] Dunlap, B. I. ; Andzelm, J. Second derivatives of the local–density–functional total energy when the local potential is fitted [J]. Phys. Rev. A, 1992, 45, 81–87.

[171] Komomicki, A. ; Fitzgerld, G. Molecular gradients and hessians implented In density functional theory [J]. J. Chem. Phys., 1993, 98(2), 1398–1421.

[172] Dixon, D. A. ; Andzein, J. ; Fitzgerald, G. ; Wimmer, E. Density Functional Study of a Highly Correlated Molecule, FOOF. [J]. J. Phys. Chem., 1991, 95(23), 9197–9202.

[173] Dixon, D. A. ; Christe, K. O. ; Nitrosyl Hypofluorlte : Local Density Functional Study of a Problem Case for Theoretical Methods [J]. J. Phys. Chem., 1992, 96(3), 1018–1021.

[174] Amos, R. D. ; Murray C. W. ; Handy, N. C. Structures and vibrational frequencies of FOOF and FONO using density functional theory [J]. Chem. Phys. Lett., 1993, 202(6), 489–494.

[175] Parr, R. G.; Yang, W. Density Functional Theory of Atoms and Molecules [M]. Oxford University Press: New York, 1989.

[176] Johnson, B. G.; Frish, M. J. An implementation of analytic second derivatives of the gradient–corrected density functional energy [J]. Chem. Phys., 1994, 100(10), 7429–7442.

[177] Labanowski, J. K.; Andzelm, J. W. Density Functional Methods in Chemistry [M]. Springer, New York, 1991.

第 6 章　多菌灵拉曼光谱的理论研究

6.1　引言

多菌灵（分子式$C_9H_9N_3O_2$）,化学名称N-苯并咪唑基-2-氨基甲酸甲酯，主要用于水稻、果树、蔬菜及其他农作物病害的防治，其化学性质稳定，在水果和蔬菜中半衰期较长，对人体会产生潜在性的危害。苯并咪唑类杀菌剂目前常用的检测方法有荧光光谱法、高效液相色谱法或液-质联用方法等[178]，但是上述方法前处理较复杂、耗时 。表面增强拉曼光谱法（SERS）具有较高的灵敏度、检测限低、较高的选择性，其它组分干扰小，不用分离，而且可以实现痕量分析的特点。Strickland采用环糊精修饰在金纳米线基底上的方法[179-184]，通过环糊精的内腔捕捉多菌灵分子，用表面增强拉曼光谱法测定了多菌灵，检测限可达到50umol/L;王晓彬等[185,186]利用正交实验方法筛选小波去噪参数的最有组合进行多菌灵农药的激光拉曼光谱分析，找到了629、727、1 001、1 219、1 258、1 365 cm^{-1}为多菌灵的特征峰。

本章在B3LYP/6-31++g(d,p)水平上优化了多菌灵的分子结构，通过频率计算获得了多菌灵的拉曼光谱，并利用势能函数分布（PED）对拉曼光谱进行指认；通过计算结果绘制多菌灵分子的静电势分布图，分析可能发生化学反应的位置，为实验分析提供理论依据；并分析了多菌灵分子的前线轨道（HOMO、LUMO）。

6.2　理论计算和实验

理论计算采用 Gaussian09 量子化学程序包 [187]，分子构型用 Gauss View5.0 构造，利用 Gaussian09 程序包对多菌灵分子的几何结构进行了优化。在结构优化的基础之上采用同样的方法进行了频率计算。分子的振动模式通过 VEDA4 软件进行归属 [12]。计算时程序采用密度泛函理论的 B3LYP 杂化泛函方法，6-311G(d,p) 基组。

多菌灵的固体拉曼光谱采集使用的是必达泰克公司的i-RAMAN光谱仪（BWS415-785S），激发波长785 nm，测量时的积分时间为1s，积分3次。

6.2.1 多菌灵的分子结构

优化结果中没有发现虚频，说明优化得到的多菌灵的分子结构是稳定的。多菌灵的分子结构模型示意图如图6.1所示。

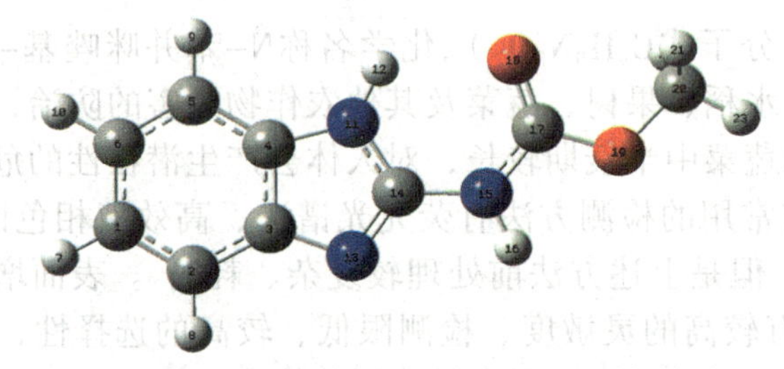

图6-1 多菌灵分子结构模型示意图

多菌灵分子的基态结构最终优化结果的键长、键角、二面角参数见表6-1。

表6-1 多菌灵分子的优化结构参数

	键长（Å）		键角（°）		二面角（° ）
C1C2	1.3907	C1C2C3	118.1	C1C2C3C4	0.00
C2C3	1.3962	C2C3C4	119.6	C2C3C4C5	0.00
C3C4	1.4152	C3C4C5	122.6	C3C4C5C6	-0.00
C4C5	1.3909	C4C5C6	116.8	C3C2C1H7	180.00
C5C6	1.3925	C2C1H7	119.4	C6C1C2H8	-180.00
C1H7	1.0841	C1C2H8	121.7	C3C4C5H9	-180.00
C2H8	1.0833	C4C5H9	121.9	C4C5C6H10	180.00
C5H9	1.0838	C5C6H10	119.3	C2C3C4N11	179.99
C6H10	1.0839	C3C4N11	104.7	C3C4N11H12	179.96

续表

	键长（Å）		键角（°　）		二面角（°　）
C4N11	1.3885	C4N11H12	130.4	C1C2C3N13	–180.00
N11H12	1.0103	C2C3N13	129.9	C2C3N13C14	–180.00
C3N13	1.3902	C3N13C14	104.1	C3N13C14N15	180.00
N13C14	1.3057	N13C14N15	122.7	N13C14N15H16	–0.00
C14N15	1.3879	C14N15H16	115.5	N13C14N15C17	179.97
N15H16	1.0095	C14N15H17	125.4	C14N15C17O18	0.02
N15C17	1.3704	N15H17O18	125.3	C14N15C17O19	–179.99
C17O18	1.2141	N15H17O19	109.8	N15C17O19C20	180.00
C17O19	1.3458	H17O19H20	115.3	C17O19C20H21	60.65
O19C20	1.4398	O19H20H21	110.5	C17O19C20H22	–60.51
C20H21	1.0906	O19H20H22	110.5	C17O19C20H23	–179.94
C20H22	1.0906	O19H20H23	105.2		
C20H23	1.0873				

除甲基上的H21、H22不在平面上，多菌灵所有的原子基本上都在一个平面上，表明多菌灵分子是一个近平面结构。

6.2.2 多菌灵分子振动频率和归属

多菌灵的分子式是$C_9H_9N_3O_2$，共有63个振动模式，其中包括22个伸缩振动模，21个弯曲振动模，20个扭转振动模，其中包括21个C–H振动模。具体振动归属如下：3 000cm^{-1}拉曼带以上的峰归属于N–H和C–H的伸缩振动，3 490cm^{-1}、3 472cm^{-1}归属于N–H伸缩振动；3 071cm^{-1}归属于苯环上C–H的对称伸缩振动；3 064cm^{-1}、3 053cm^{-1}、3 064cm^{-1}归属于苯环上C–H的不对称伸缩振动；3 041cm^{-1}、3 006cm^{-1}归属于甲基上C–H的不对称伸缩；2 935cm^{-1}归属于甲基上C–H的对称伸缩振动；1 473cm^{-1}归属于C–H的面内弯曲、C–C–C的弯曲振动；1 146cm^{-1}归属于C–N伸缩振动；1 232cm^{-1}归属于C–C伸缩以及N–H、C–H的面内弯曲振动；1 018cm^{-1}归属于C–N伸缩以及苯环C–C–C、咪唑环C–N–C、N–C–N的弯曲振动；962cm^{-1}归属于C–O伸缩和C–N–C的弯曲振动；849cm^{-1}归属于C–C伸缩N–C–N的弯曲振动；

752cm^{-1}、725cm^{-1}归属于C–N和C–N–C的弯曲振动，619cm^{-1}归属于C–C伸缩和C–N–C的弯曲振动，如图6–2，表6–2所示。

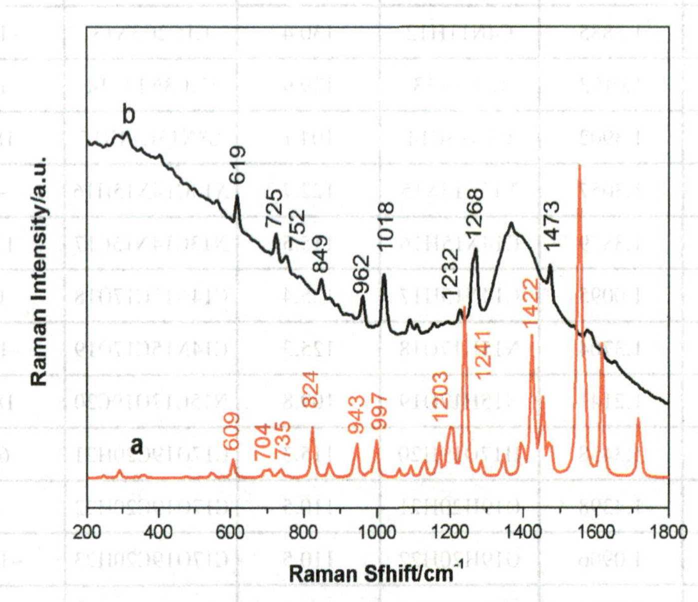

图6–2 多菌灵分子理论计算、固体、的拉曼光谱图

表6–2 多菌灵分子的200–1800cm–1理论频率及振动归属

Mode	NMR		Assignment (PED%)
	aTheo.	Exper.	
Q9	293		ν C–N(16), ν C–O(16), δ C–N–C(43)
Q11	359		δ C–N–C(71)
Q14	547		ν C–C(17), δ C–C–C(56)
Q15	551		τ H–N–C–O (90)
Q18	609	619	ν C–C(25), δ C–N–C(60)
Q19	692		τ H–C–C–C (13), τ C–N–C–N (79)
Q20	704	725	δ C–N–C(52)
Q22	735	752	ν C–N(20), δ C–N–C (31)
Q25	824	849	ν C–C(13), δ N–C–N(41)

续表

Mode	NMR		Assignment (PED%)
	ᵃTheo.	Exper.	
Q27	871		ν C–C(16), δ C–C–C(56)
Q30	943	962	ν C–O(57), δ C–N–C (10)
Q31	980		ν C–N (11), δ H–C–C(16), δ C–N–C (26)
Q32	997	1018	ν C–N (20), δ C–C–C (21), δ N–C–N (11), δ C–N–C (14)
Q33	1062		ν C–N(52), δ H–N–C(11)
Q34	1090		ν C–C(16), δ H–C–C(46)
Q35	1127		δ H–C–C(62)
Q36	1130		δ H–C–H(28), τ H–C–O–C (71)
Q37	1165		ν C–C(13), δ H–N–C(28), τ H–C–O–C (17)
Q38	1168		δ H–C–H(13), τ H–C–O–C (46)
Q39	1191		ν C–N(44), δ H–N–C(28)
Q40	1204	1232	ν C–C(28), δ H–N–C(14), δ H–C–C(21)
Q41	1241	1268	ν C–N(56)
Q42	1282		ν C–C(21), δ H–C–C(37)
Q43	1344		ν C–C(42), δ H–C–C(12)
Q44	1395		δ H–N–C(15), δ H–C–H(30)
Q45	1422	1473	δ H–C–C(44), δ C–C–C(11)
Q46	1425		δ H–C–H(72), τ H–C–O–C (20)
Q47	1428		ν C–N(10), δ H–N–H(28)
Q48	1444		δ H–C–H(57), τ H–C–O–C (18)
Q49	1453		ν C–C(23), δ H–C–C(21), δ H–C–H(15)
Q50	1473		ν C–N(13), δ H–N–C(25)
Q51	1551		ν C–C(12), ν C–N(14), δ N–C–N(11)
Q52	1565		ν C–C(16), δ C–C–C(11), δ C–N–C(19)

续表

Mode	NMR		Assignment (PED%)
	aTheo.	Exper.	
Q53	1616		ν C–C(56)
Q54	1718		ν C–O(79)

a. The theoretical frequencies were scaled by 0.9613

6.2.3 多菌灵分子的表面静电势

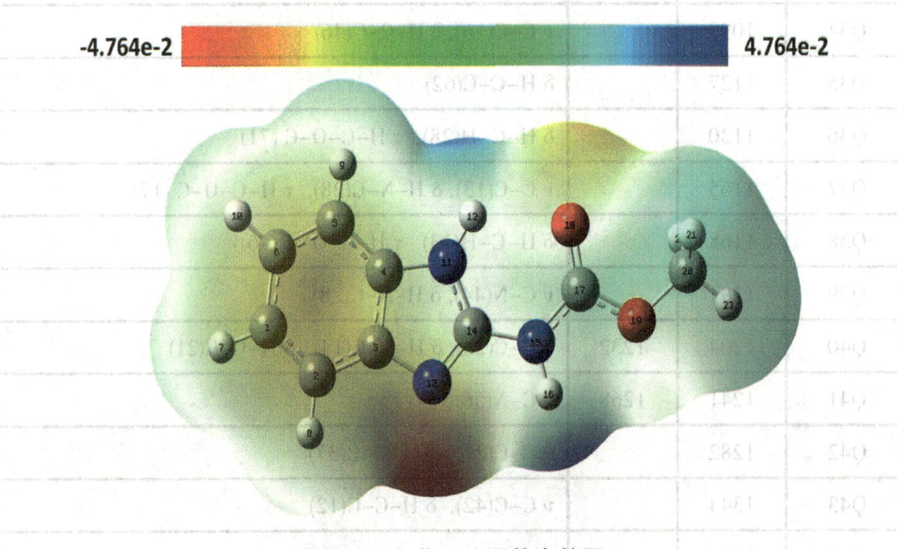

图6–3 多菌灵分子静电势图

静电势在理解分子间的相互作用、分子间的反应部位以及分子识别等方面具有非常独到的作用。分子静电势图上用不同的颜色代表静电势不同的区域，其中红色、黄色、绿色、蓝色表示电负性逐渐降低。红色区域代表负电性区域，即电子的密集区域，此区域比较容易收到亲电试剂的进攻；蓝色区域代表正电性区域，此区域比较容易受到亲核试剂的进攻。从多菌灵分子静电势图（如图6–3所示）可以看出，多菌灵分子中N13和O18原子上的电荷密度较高，是电负性较大的区域，这和N、O原子上存在孤对电子有关。

6.2.4　多菌灵分子的前线轨道

20世纪50年代，日本科学家福井谦一提出了前线轨道理论，分子的许多化学性质主要由分子中的前线轨道即最高占据轨道（HOMO，Highest occupied molecular orbital）和最低未占据轨道（LUMO，lowest unoccupied molecular orbital）决定。HOMO轨道是能量最高的电子填充轨道，所受束缚最小，最容易失去电子；LUMO轨道是分子中能量最低的未填充电子的空轨道，最容易接受电子。因此这两个轨道决定着分子的电子得失和转移能力，决定着分子间反应的取向等重要化学性质。研究这两个轨道的能量及能级差对研究分子的化学性质有非常重要的意义。多菌灵分子的HOMO-LUMO轨道及能级差如图6-4所示。

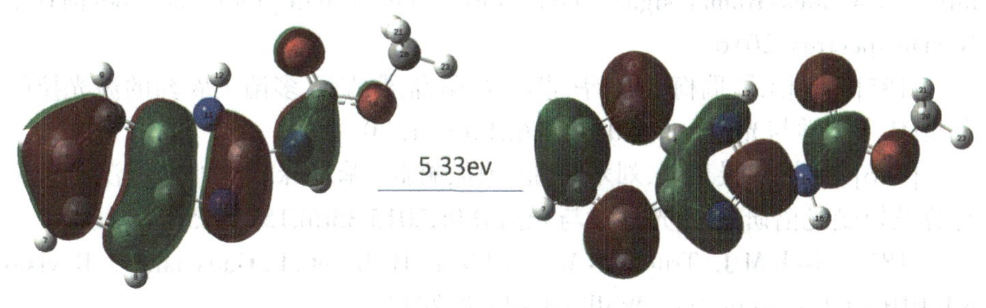

图6-4　多菌灵分子的前线轨道

参考文献

[178] Anastassiades, M; Schwack, W.Analysis of carbendazim, benomyl, thiophanate methal and 2,4-dichlorophenoxyacetic acid in fruits and vegetables after supercritical fluid extraction[J], J. Chromatogr. A,1998,825,45-54.

[179] （Strickland ,A. D. ; Batt,C. A. ,Detection of Carbendazim by Surface-Enhanced Raman Scattering Using Cyclodextrin Inclusion Complexes on Gold Nanorods[J], Anal. Chem., 2009, 81 (8), 2895-2903.

[180]Weissenbacher, N.; Lendl, B.; Frank, J.; Wanzenbo ¨ ck, H. D.;

Mizaikoff, B.; Kellner, R. J. Mol. Struct. 1997, 410-411, 539-542.

[181]Ma,C.H.;Zhang,J.;Hong,Y.C.;Wang,Y.R.;Chen,X.Determination of carbendazim in tea using surface enhanced Raman spectroscopy[J],Chinese Chem. Lett.,2015,26,1455-1459.

[182]Furini,L.N.;Sanchez-Cortes,S.;L ó pez-Toc ó n I.;Otero,J.C.;F. Aroca,R.;Constantion,C. J.L.Detertion and quantitative analysis of cabendazim herbicide on Ag nanoparticles via surface-enhanced Raman scattering[J],J. Raman spectros.,2015,46,1095-1101.

[183]Furini,L.N.; Constantion,C. J.L.;Sanchez-Cortes,S.; Otero,J.C.; L ó pez-Toc ó n I.Adsorption of carbendazim pesticide on plasmonic nanoparticles studied by surface-enhanced Raman scattering,J. Colloid Interf. Sci.,2016,465,183-189. [184]Zhai,C.;Peng,Y.K.;Li,Y.Y;Chao,K.L.Extraction and identification of mixed pesticides-Raman signal and establishment of their prediction models[J], J. Raman spectros.,2016.

[185]王晓彬,吴瑞梅,刘木华,张庐陵,蔺磊,严霖元.多菌灵农药的激光拉曼分析[J],光谱学与光谱分析,2014,34(6),1566-1570.

[186] 王晓彬,吴瑞梅,刘木华,张庐陵,蔺磊. 苯并咪唑类的密度泛函理论计算及拉曼光谱研究[J],光谱学与光谱分析,2015,35(6),1562-1566.

[187] Frisch M J, Trucks G W, Schlegel H B, et al.. Gaussian 09, Revision D.01[CP], Gaussian, Inc., Wallingford CT, 2013.

第 7 章　表面增强拉曼光谱法（SERS）测定三环唑

7.1　引言

三环唑（tricyclazole，分子式$C_9H_7N_3S$）是防治稻瘟病专用的杀菌剂，属于中等毒性杀菌剂。其具有较强的的内吸性，能迅速被水稻根茎叶吸收，持效期长，药效稳定，用量低并且抗雨水冲刷。

研究报道三环唑的分析方法主要为色谱法，Tang等[188-190]采用浊点萃取法对环境水样品中的三唑类杀菌剂进行预富集，高效液相色谱法进行检测，三环唑的测定范围是0.05–20 μg · L^{-1}。Rohit等[191]采用5–磺基–邻氨基苯甲酸的二硫代氨基甲酸盐功能化的Ag纳米粒子作为比色探针，测定了大米样品中的三环唑杀菌剂的含量，检测限为1.8×10^{-7}mol · L^{-1}，杜一平研究组[192，193]采用Ag纳米粒子修饰的GMA–EDMA多孔聚合整体柱材料为增强拉曼基底，可以检测到5×10^{-3}mg · L^{-1}的三环唑。

本章采用以盐酸羟胺还原法制备的纳米Ag溶胶为SERS增强基底，探讨了SERS方法测定三环唑的实验条件。在1–8 mg · L^{-1}浓度范围内，三环唑浓度和特征拉曼峰强度之间符合线性关系，该方法测定三环唑水溶液的检测限为0.4 mg · L^{-1}。

7.2　实验部分

7.2.1　试剂

三环唑，Sigma–Aldrich公司；盐酸羟胺（AR），国药集团化学试剂有限公司；NaOH（AR），北京化工厂。

7.2.2 银溶胶的制备

采用盐酸羟胺络合法制备银溶胶[159, 160]。准确称取34mg $AgNO_3$，用180mL去离子水中溶解；将42mg盐酸羟胺溶于10mL去离子水中，并加入9.0mL0.1mol·L^{-1}氢氧化钠溶液，将上述溶液混合，磁力搅拌10min，得到乳黄色银胶。

7.2.3 仪器及测定

LabRam Aramis Raman Microscope system 拉曼光谱仪（法国Horiba-JobinYvon公司），光源为He-Ne激光器，激发光源波长633nm，积分时间20s，积分2次；UV3 600的紫外－可见－近红外分光光度计（日本Shimadzu）。

向0.98mL银溶胶中分别加入20μL三环唑水溶液混合均匀后，即测定SERS。所有数据处理采用光谱仪自带软件NGSLabSpec1-Origin中的Baseline correction进行处理，并用Origin 7.5工具作图。

7.3 结果与讨论

7.3.1 Ag溶胶和三环唑水溶液的紫外光谱

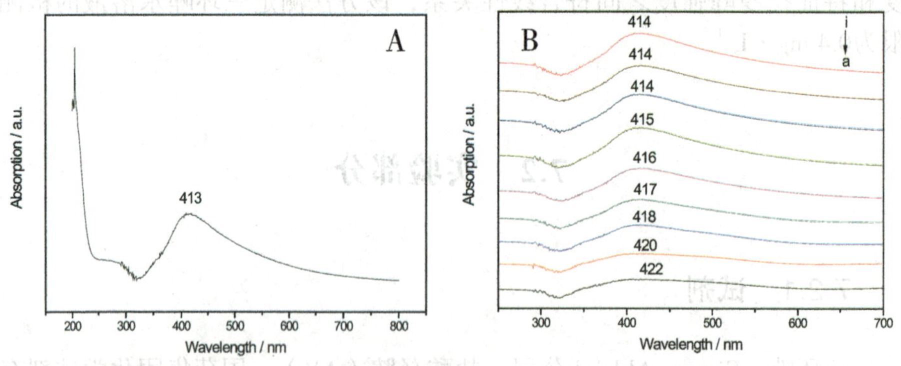

图7-1 Ag溶胶（A）和不同溶度三环唑溶液混合（B）的紫外光谱图

浓度/mg·L^{-1}: a. 0.4; b. 0.8 ;c. 1; d. 2; e. 4; f. 8; g. 10; h. 20; i. 100.

Ag溶胶和三环唑水溶液的紫外光谱图如图7-1所示，从图中可以看出盐酸羟胺还原法制备纳米银溶胶的最大紫外吸收波长在413nm处，而且具有较窄的半峰宽，说明该方法制备的纳米银溶胶纳米银粒子粒径较为均一，前方所说的纳米银溶胶的扫描电镜图表明Ag粒子粒径在100nm左右。当20μL不同浓度的三环唑水溶液和0.98mL银溶胶混合后，紫外光谱的最大吸收波长随着三环唑浓度的升高发生了不同程度的红移，表明三环唑分子和纳米Ag溶胶发生了一定的相互作用。

7.3.2　Ag溶胶的拉曼光谱

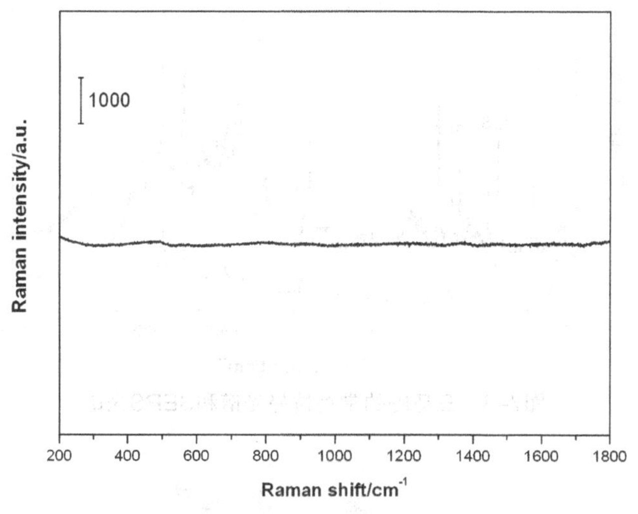

图7-2　Ag溶胶的拉曼光谱

取盐酸羟胺还原的Ag溶胶0.98mL，去离子水20μL混合均匀，用毛细管吸取盐酸羟胺还原的Ag溶胶和去离子水的混合液，激发光源波长633nm，积分时间20s，积分2次进行拉曼光谱测量。从图7-2可以看出，空白Ag溶胶的拉曼光谱图基本没有什么信号，对三环唑溶液的SERS信号不会产生干扰。

7.3.3　三环唑固体和SERS拉曼光谱及峰归属

图7-3是三环唑固体和1mg·L^{-1}三环唑水溶液的SERS光谱图。利用密度泛函理论，采用B3LYP方法，6-31++G(d,p)基组，通过计算Tricyclazole的拉曼光谱并根据VEDA4软件计算结果进行了振动模指认，428cm^{-1}拉曼位移处对应N-C伸缩和C-C-C 、C-N-C的面内弯曲振动模，560cm^{-1}拉曼位移处对

应S-C伸缩和C-N-C的面内弯曲振动模，598cm^{-1}拉曼位移处对应C-C-C、N-C-N面内弯曲振动模，977cm^{-1}拉曼位移处对应N-C伸缩、N-C-N面内弯曲振动模，1 084cm-1拉曼位移处对应C-C伸缩、H-C-C面内弯曲振动模，1 372cm^{-1}拉曼位移处对应N-C伸缩、H-C-C面内弯曲振动模，上述振动模都归属于三环唑的面内振动模，根据表面增强拉曼散射选择定则，这些振动模的增强可以推测三环唑分子是以近垂直的方式吸附吸附在Ag增强基底表面，图7-4的计算结果也验证了这个结论。

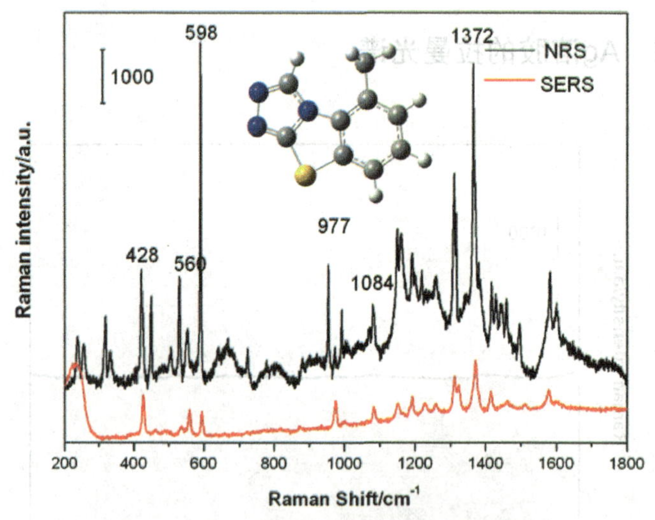

图7-3　三环唑的常规拉曼光谱和SERS光谱

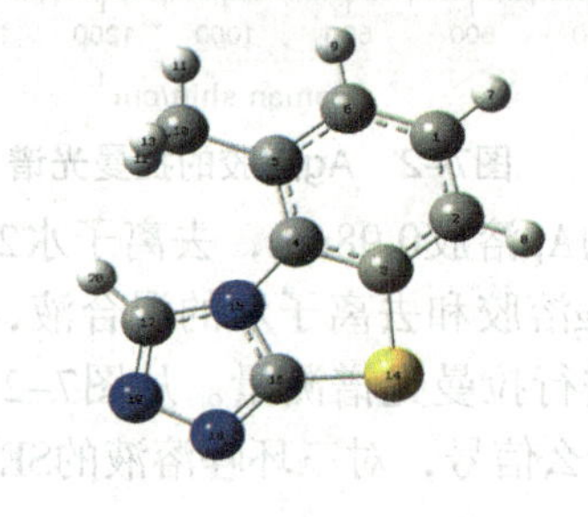

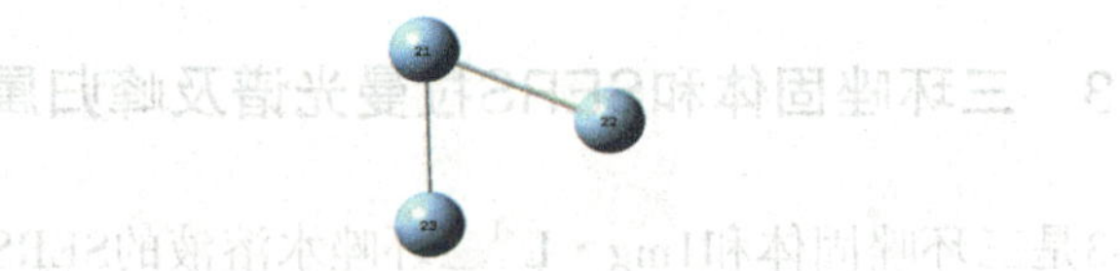

图7-4　Tricyclazole-Ag_3的优化结构

分子静电势分布图在理解分子间的相互作用、分子间的反应部位以及分子识别等方面具有重要作用。采用B3LYP方法，6-31++G(d,p)基组，通过理论计算模拟得到了三环唑分子的MEP图（如图7-5所示），红色代表电负性较大或亲电区域，绿色代表电负性较小或亲核区域，亲电区域通常是有孤对电子或电负性较大的原子存在。蓝、绿、黄、橙、红色表示电负性逐渐变大。从图7-5可以看出，三环唑三唑环上的N18，N19原子周围的静电势为负值，是电负性较大的区域，三环唑分子和纳米Ag SERS增强基底之间主要是通过这两个N原子相结合的。

图7-5　三环唑的分子静电势

7.3.4　积分时间对拉曼强度的影响

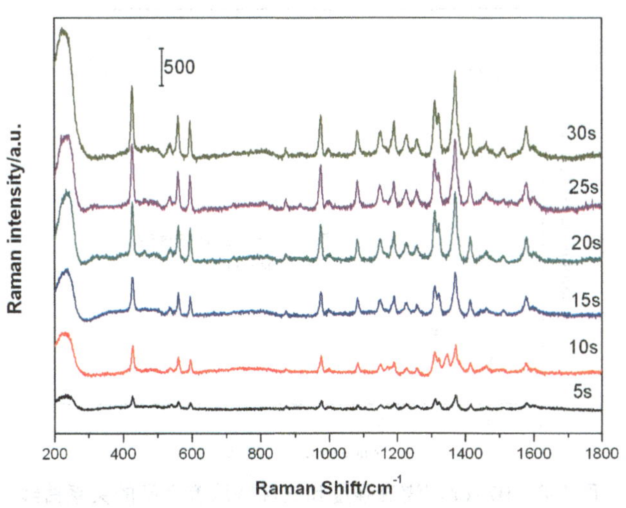

图7-6　三环唑不同积分时间的拉曼光谱

向0.98mL银溶胶中加入20μL1 mg·L^{-1}的三环唑水溶液混合均匀后，设置不同的积分时间测定SERS。从图7-6可以看出，从5s到20s随着积分时间的增加，不同拉曼位移处的拉曼强度均变强，20s到30s时，不同拉曼位移处的拉曼强度变化不大，所以本书选择积分时间是20s，积分两次的方法测定三环唑水溶液增强拉曼光谱。

7.3.5 SERS方法测定三环唑的线性范围

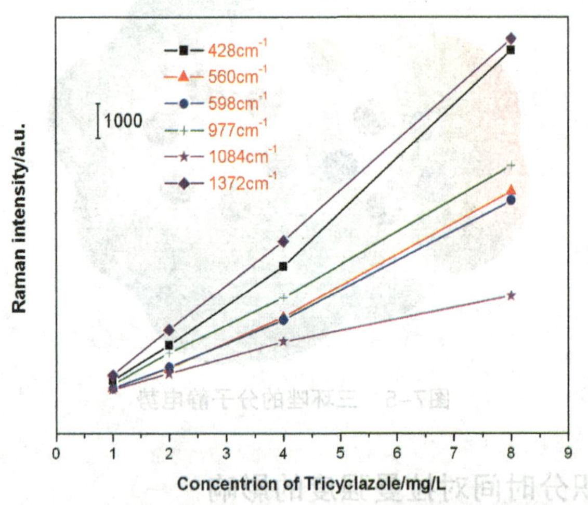

图7-7 不同拉曼位移处谱峰强度和三环唑浓度之间的关系曲线

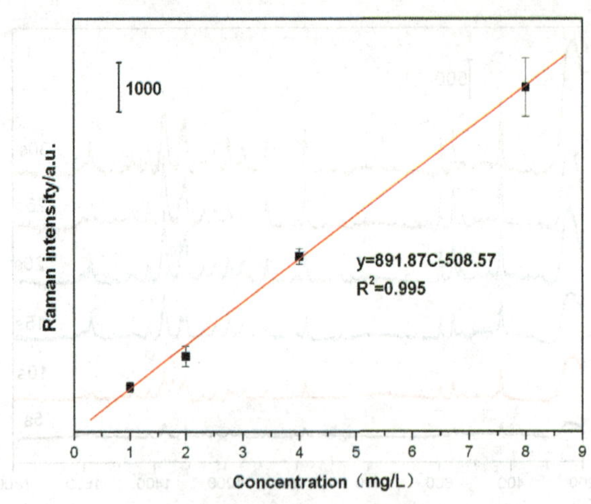

图7-8 977cm^{-1}谱峰强度和三环唑浓度之间的关系曲线

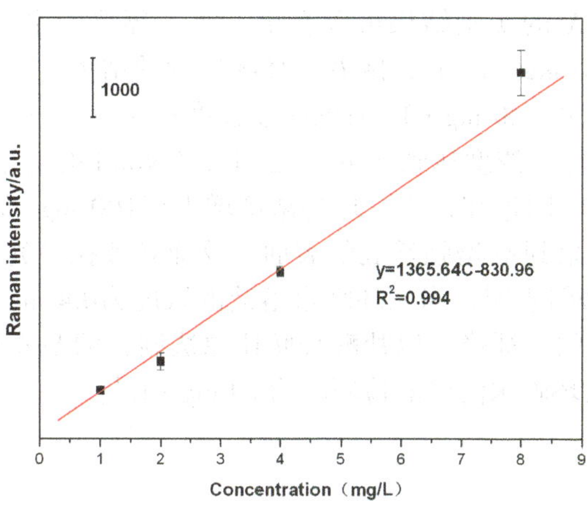

图7-9　1372cm^{-1}谱峰强度和三环唑浓度之间的关系曲线

1-8 mg·L^{-1}浓度范围内，以三环唑浓度对428cm^{-1}、560cm^{-1}、598cm^{-1}、977cm^{-1}、1 084cm^{-1}、1 372cm^{-1}拉曼位移处的拉曼强度作图如图7-7、7-8、7-9所示，实验结果表明，随着三环唑浓度的增大，相应特征拉曼位移处的拉曼峰强度相应增强，977cm^{-1}、1 372cm^{-1}拉曼位移处三环唑浓度和拉曼峰强度的关系曲线方程分别为，y=891.87C-508.57、y=1365.64C-830.96（其中y代表拉曼峰强度，C为三环唑水溶液的浓度，单位是mg·L^{-1}），线性相关系数分别为0.998、0.997。

7.3.6　SERS方法测定三环唑的检测限

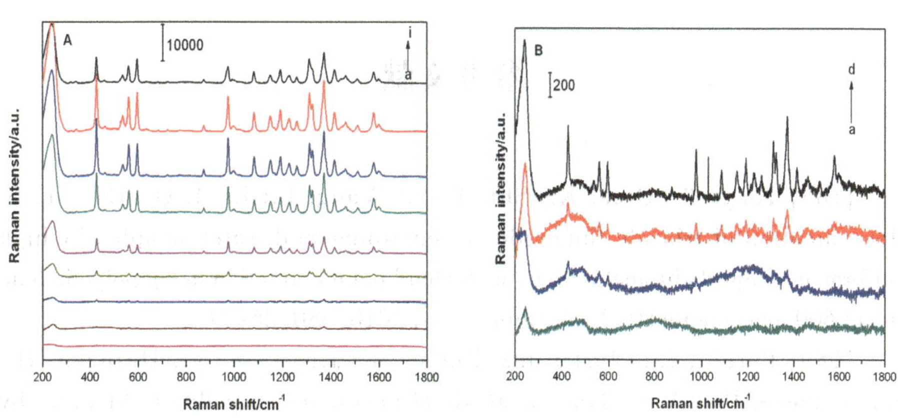

图7-10　不同三环唑浓度的SERS光谱

A. 浓度/mg·L^{-1}:a.0.4；b. 0.8；c.1；d. 2；e.4；f. 8；g. 10；h. 20；i. 100.

B.浓度/mg·L^{-1}: a.0.2；b.0.4；c. 0.8；d. 1

从图7-10 (A)的实验结果可以看出，当三环唑的水溶液的浓度从0.4 mg · L^{-1}增大到10 mg · L^{-1}时，随着三环唑浓度的增大，三环唑的特征峰的拉曼强度逐渐增大，20 mg · L^{-1}时的拉曼强度和10 mg · L^{-1}的拉曼强度变化不大，表明当三环唑浓度达到10 mg · L^{-1}时，0.98mL的Ag溶胶和20 μ L的三环唑已经达到了吸附饱和，当三环唑浓度增大到100 mg · L^{-1}时，因为过多的三环唑分子吸附到Ag增强基底的表面，反而导致拉曼光谱强度降低。图7-10(B)拉曼光谱图表明，当三环唑水溶液的浓度为0.4 mg · L^{-1}时，尚能检测到三环唑明显的特征峰，以盐酸羟胺还原法制备的Ag溶胶为增强基底的SERS方法测定三环唑水溶液的检测限为0.4 mg · L^{-1}。

7.4 结论

以盐酸羟胺还原法制备纳米 Ag 溶胶为 SERS 增强基底，测定了三环唑。0.98mL 的 Ag 溶胶和 20 μ L 的三环唑混合均匀后测定 SERS，实验结果表明，三环唑的水溶液的浓度从 0.4mg · L^{-1} 到 10 mg · L^{-1} 时，随着三环唑浓度的增大，三环唑特征峰的拉曼强度逐渐增大，当三环唑浓度达到 10 mg · L^{-1} 时，即已经达到饱和吸附，977cm^{-1}、1372cm^{-1} 拉曼位移处三环唑浓度和拉曼峰强度的关系曲线方程分别为，y=891.87C−508.57、y=1365.64C−830.96，线性相关系数分别为 0.998、0.997，该方法测定三环唑的检测限是 0.4mg · L^{-1}。

参考文献

[188] Tang, T.; Qian, K.; Shi, T. Y.; Wang, F.; Li, J. Q.; Cao, Y. S. Determination of triazole fungicides in environmental water samples by high performance liquid chromatography with cloud point extraction using polyethylene glycol 600 monooleate [J]. Anal. Chim. Acta, 2010, 680, 26-31.

[189] Pareja, L.; Mart í nez-Bueno, M. J.; Cesio, V.; Heinzen, H.; Fern á ndez-Alba, A. R. Trace analysis of pesticides in paddy field water by direct injection using liquid chromatography-quadrupole-linear ion trap-mass-spectrometry [J]. Chromatogr. A, 2011, 1218(30), 4790-4798.

[190] Min, Z. W.; Hong, S. M.; Yang, I. C.; Kwon, H. Y.; Kim, T. K.;

Kim, D. H. Analysis of Pesticide Residues in Brown Rice using Modifield QuEChERS Multiresidue Method Combined with Electrospray Ionization-Liquid Chromatography-Tandem Mass Spectrometric Detection [J]. J. Korean Soc. Appl. Biol. Chem., 2012, 55(6), 769-775.

[191] Rohit, J. V.; Kailasa, S. K. 5-Sulfo anthranilic acid dithiocarbamate functionalized silver nanoparticles as a colorimetric probe for the simple and selective detection of tricyclazole fungicide in rice samples [J]. Anal Methods, 2014, 6, 5934-5941.

[192] Li, Q. Q.; Du, Y. P.; Xu, Y.; Wang, X.; Ma, S. Q.; Geng, J. P.; Cao, P.; Sui, T. Rapid and sensitive detection of pesticides by surface-enhanced Raman spectroscopy technique based on glycidyl methacrylate-ethylene dimethacrylate（GMA-EDMA）porous material [J]. Chin. Chem. Lett., 2013, 24(4), 332-334.

[193] Tang, H. R.; Fang, D. M.; Li, Q. Q.; Cao, P.; Geng, J. P.; Sui, T.; Wang, X.; Iqbal , J.; Du , Y. P. Determination of Tricyclazole Content in paddy Rice by Surface Enhanced Raman Spectroscopy [J]. Food Sci., 2012, 77(5), 105-109.

第 8 章 杀草强分子的拉曼光谱的密度泛函理论研究

8.1 引言

杀草强（3-氨基-1,2,4-三唑，AT）是一种广泛应用的除草剂。它能通过植物以及水介质造成食物污染，大量使用对动物具有潜在的致癌作用，杀草强可直接作用于甲状腺体而干扰甲状腺素的合成，与甲状腺肿瘤的发生密切相关[194-198]。

密度泛函理论（DFT）在研究分子的几何构型和振动光谱等方面应用广泛[199-201]。Pagacz-Kostrzewa M. 采用基体隔离红外光谱和理论相结合的方法分析了杀草强分子的红外光谱及其可能存在的同分异构体形式[201]；John Xavier R. 采用从头算法和DFT理论研究了3-氨基-5-巯基-1,2,4-三唑的红外光谱和拉曼光谱[203]。利用DFT理论对杀草强分子的拉曼光谱进行详细指认并结合表面增强拉曼光谱研究的文章未见报道，本章采用B3LYP杂化泛函，6-31++g(d,p)基组，对杀草强分子的结构进行了优化；通过频率计算，获得了杀草强分子的拉曼光谱，并利用势能函数分布（PED）对拉曼光谱进行了指认，对基团的特征振动模式进行了归属，通过静电势分布图探讨了杀草强分子和增强基底之间可能的吸附方式。

8.2 理论计算和实验

理论计算采用Gaussian09量子化学程序包[187]，分子构型用Gauss View5.0构造，利用Gaussian09程序包对杀草强分子的几何结构进行了优化。在结构优化的基础之上采用同样的方法进行了频率计算。分子的振动模式通过VEDA4软件进行归属[204]。计算时程序采用密度泛函理论的B3LYP杂化泛函方法，6-31++G(d,p)基组。

杀草强的固体拉曼光谱采集使用的拉曼光谱仪型号为Horiba-Jobin Yvon

Aramis，He-Ne激光器，激发波长633 nm，测量时的积分时间为10 s，积分1次。银溶胶的制备采用盐酸羟胺络合法[205,206]，向0.98 mL银溶胶中加入20 μL杀草强水溶液混合均匀后，即采集拉曼光谱。

8.3　结果与讨论

8.3.1　杀草强分子结构

优化结果中没有发现虚频，说明优化得到的杀草强的分子结构是稳定的。杀草强的分子结构模型示意图如图8-1所示。

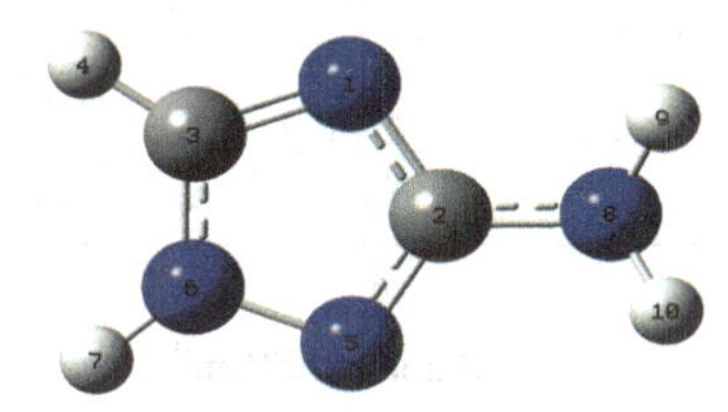

图8-1　杀草强分子结构模型示意图

杀草强分子的基态结构最终优化结果的键长、键角、二面角参数如表8-1所示。

表8-1　杀草强分子的结构参数

	键长（Å）		键角（°）		二面角（°）
N1C2	1.3677	N1C2C3	102.85	C2N1C3H4	179.99
N1C3	1.3194	N1C3H4	126.18	C3N1C2N5	-0.32
C3H4	1.0795	N1C2N5	115.06	C2N1C3N6	0.14
N5C2	1.3264	N1C3N6	110.17	N1C3N6H7	-179.92
N6C3	1.3438	C3N6H7	129.79	C3N1C2N8	177.09
N6H7	1.007	N1C2C8	121.81	N1C2N8H9	25.34
N8C2	1.3784	C2N8H9	114.10	N1C2N8H10	159.99
N8H9	1.009	C2N8H10	114.95		
N8H10	1.009				

N1C2N8、N1C2N5和N8C2N5的键角分别是121.81°、115.06°和

123.08°，表明杀草强分子除氨基上的两个氢原子外是一个近平面结构。

8.3.2 杀草强分子振动频率和归属

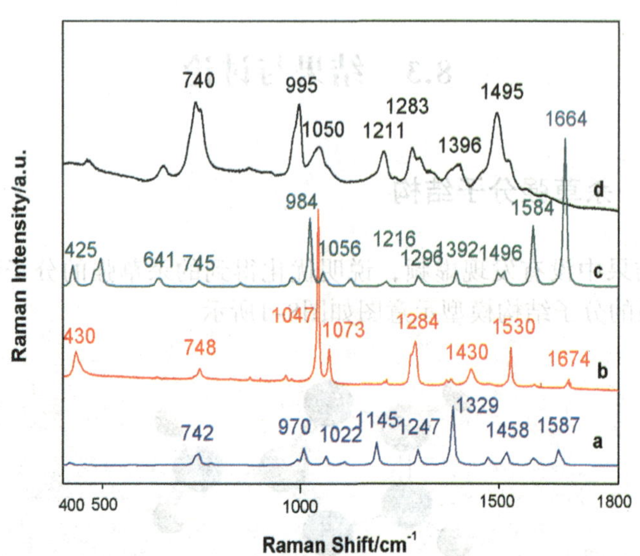

图8.2 杀草强分子理论计算、固体、杀草强SERS和AT-Ag_2复合物计算的拉曼光谱图

杀草强的分子式是$C_2N_4H_4$，共有24个振动模式，其中包括9个伸缩振动模，8个弯曲振动模，7个扭转振动模，其中包括3个C–H振动模。具体振动归属如下（见表8–2）：3 543cm^{-1}、3 523cm^{-1}、3 442cm^{-1}归属于N–H伸缩振动；3 121cm^{-1}归属于C–H伸缩振动；1 587cm^{-1}归属于N–H剪式振动；1 526cm^{-1}归属于C–N伸缩；1 458cm^{-1}、1 417cm^{-1}、1 329cm^{-1}归属于C–N伸缩以及N–H、C–H的面内弯曲振动；1 247cm^{-1}归属与C–N、N–N伸缩、C–H的面内弯曲振动；1 146cm^{-1}归属于C–N伸缩振动；1 066cm^{-1}归属于N–N伸缩以及N–H、C–H的面内弯曲振动；1 023cm^{-1}归属于N–N、C–N伸缩以及N–H、C–H的面内弯曲振动；970cm^{-1}归属于N–C–N面内弯曲振动；952cm^{-1}归属于C–N–N的伸面内弯曲振动；742cm^{-1}归属于C–N伸缩振动。杀草强分子固体、计算和表面增强拉曼光谱图如图8–2所示，从图中可以看出742cm^{-1}、1 145cm^{-1}、1 247cm^{-1}、1 458cm^{-1}拉曼位移处的谱峰均得到了一定程度的增强，根据表面增强拉曼散射定则可以判断吸附分子在金属表面的取向，而表面选择定则建立在电磁场增强模型的基础之上，与基底表面的垂直的振动模将得到很大的增强，而与基底表面平行的振动模增强非常小或不增强；距离基底表面近的振动模式增强较大，距离基底表面远的振

动模式增强较小。根据拉曼光谱表面选择定则，可以推断杀草强分子是垂直或近垂直的方式吸附在银增强基底上。根据杀草强分子的静电势分布图可以推测杀草强分子是以三唑环上的 N 原子和增强基底相互作用的，如表 8–2 所示。

表8–2　杀草强分子的理论频率及振动归属

Mode	NMR		SERS		Assignment (PED%)
	[a]Theo.	Exper.	Theo.	Exper.	
Q1	3543				ν N–H(–100)
Q2	3523				ν N–H(100)
Q3	3442				ν N–H(100)
Q4	3121				ν C–H(99)
Q5	1587	–	–		ν C–N(26), δ H–N–H(58)
---	----	1676	1664		ν C–N(–33), δ H–N–H (43), δ N–C–N (11)
Q6	1526	1530	1584		ν C–N(54), δ H–N–C (10), δ H–N–H(–12)
Q7	1458		1496	1495	ν C–N(12), ν C–N(–14), δ H–N–N (15), δ H–N–H (12), δ C–N–N (16)
Q8	1417	1430			ν C–N(25), δ H–N–N(40), δ H–C–N(11)
Q9	1329	1381	1392	1396	ν C–N (37), δ N–C–N (–12), δ H–N–C(–16), δ C–N–N (10)
Q10	1247	1284	1296	1283	ν C–N(19), δ N–N (10), δ H–C–N (44)
-----		1217	1216	1211	ν C–N (21), δ H–N–C (60)
Q11	1146				ν C–N (–48), δ H–N–N(22), δ H–N–C (–13)
Q12	1066	1073	1056	1050	δ N–N (35), δ H–N–C (–19), δ H–C–N (–14)
Q13	1023	1047	984	995	ν C–N(–13), δ N–N(21), δ H–N–C(29), δ H–C–N (–11)
Q14	970				δ N–C–N (61)
Q15	952				δ C–N–N (–14), δ C–N–N (56)

续表

Mode	NMR		SERS		Assignment (PED%)
	aTheo.	Exper.	Theo.	Exper.	
Q16	812				τ H–N–N–C (12), τ H–C–N–C (83)
Q17	775				τ C–N–N–C (-10), τ N–N–N–C (-68)
Q18	742	748	745	740	ν C–N (43), δ C–N–N (31)
Q19	654				τ H–N–N–C (73), τ H–C–N–C (–11)
Q20	575				δ H–N–H (11), τ H–N–C–N (77)
Q21	460				τ N–C–N–N (91)
Q22	420	430	425		δ N–C–N (78)
Q23	327				τ H–N–C–N (–39), τ C–N–N–C (–46)
Q24	291				τ H–N–C–N (52), τ C–N–N–C (-35)

a. The theoretical frequencies were scaled by 0.9613 above 800cm^{-1} and by 1.0013 for the 200–800cm^{-1}[16]

8.3.3 杀草强分子的表面静电势

空间某点的静电势是指从无穷远处移动单位正电荷至该点时所需做的功。由于在核与电子共存的分子体系中，核与电子都会对分子的静电势产生影响，所以，在分子的周围，与核距离不等的空间各点处的静电势是不同的。因此，静电势在理解分子间的相互作用、分子间的反应部位以及分子识别等方面具有非常独到的作用。分子静电势图上用不同的颜色代表静电势不同的区域，其中红色、黄色、绿色、蓝色表示电负性逐渐降低。红色区域代表负电性区域，即电子的密集区域，此区域比较容易收到亲电试剂的进攻；蓝色区域代表正电性区域，此区域比较容易受到亲核试剂的进攻。从杀草强分子静电势图（如图8-3所示）可以看出，杀草强分子中N1和N5原子上的电荷密度较高，是电负性较大的区域，这和N原子上存在孤对电子有关，杀草强分子和金属SERS基底主要是通过N1和N5原子发生作用。

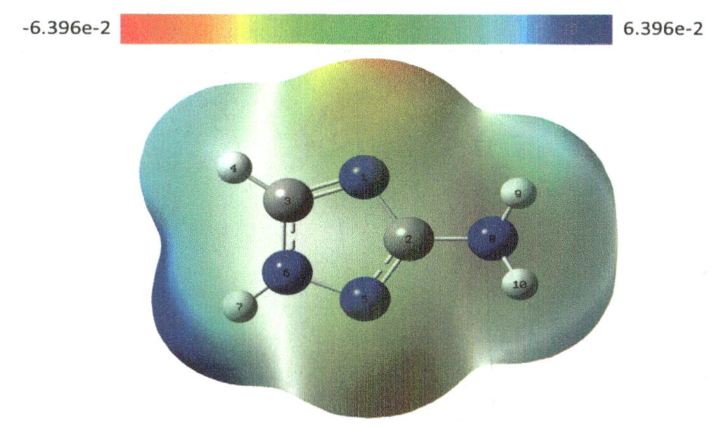

图8-3　杀草强分子静电势图

8.3.4　杀草强分子及AT-Ag_2复合物的吸收光谱和激发态

20世纪50年代，日本科学家福井谦一提出了前线轨道理论，分子的许多化学性质主要由分子中的前线轨道即最高占据轨道（HOMO，Highest occupied molecular orbital）和最低未占据轨道（LUMO，lowest unoccupied molecular orbital）决定。HOMO轨道是能量最高的电子填充轨道，所受束缚最小，最容易失去电子；LUMO轨道是分子中能量最低的未填充电子的空轨道，最容易接受电子。因此这两个轨道决定着分子的电子得失和转移能力，决定着分子间反应的取向等重要化学性质。研究这两个轨道的能量及能级差对研究分子的化学性质有非常重要的意义。杀草强分子的HOMO-LUMO轨道及能级差如图8-4所示。

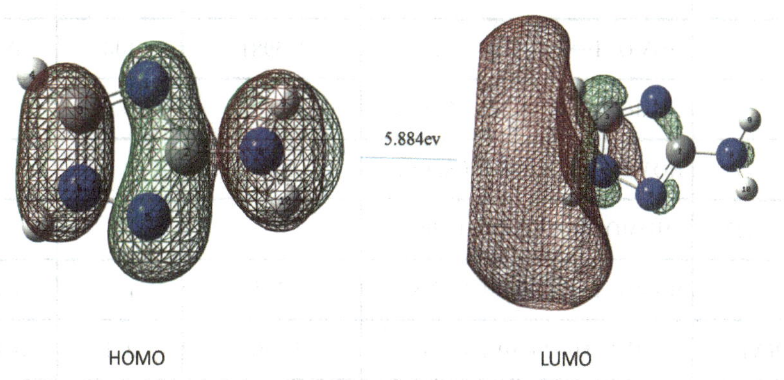

图8-4　杀草强分子的前线轨道

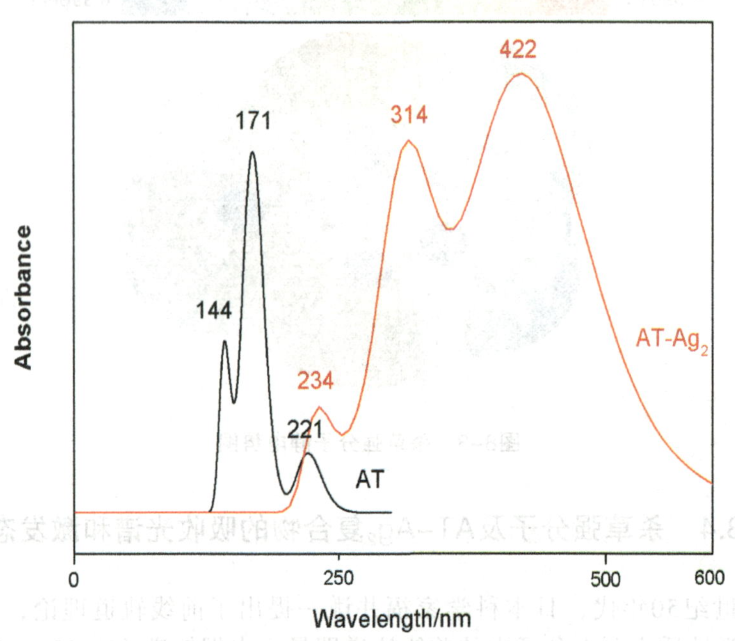

图8-5 杀草强分子和AT-Ag_2复合物的吸收光谱

表8-3 杀草强分子和AT-Ag_2复合物的激发态

激发态	跃迁轨道成分	垂直激发能/ev	波长	谐振强度
S25(AT)	HOMO-4→LUMO+1（2.63%）			
	HOMO-2→LUMO+5（6.80%）			
	HOMO-1→LUMO+4（67.1%）	8.5981	144	0.331
	HOMO-1→LUMO+5（8.09%）			
	HOMO-2→LUMO+6（8.40%）			
S10(AT)	HOMO-1→LUMO（17.9%）			
	HOMO-1→LUMO+1（79.5%）	7.2614	171	0.0726
S2(AT)	HOMO→LUMO(66.7%)	5.6200	221	0.0669
	HOMO→LUMO+1(19.0%)			

续表

激发态	跃迁轨道成分	垂直激发能/ev	波长	谐振强度
S28(AT-Ag_2)	HOMO→LUMO+14(2.4%)	5.3070	234	0.0013
	HOMO→LUMO+17(95.9%)			
S11(AT-Ag_2)	HOMO→LUMO+8(4.0%)	3.9463	314	0.1810
	HOMO→LUMO+9(80.6%)			
	HOMO→LUMO+10(9.0%)			
S4(AT-Ag_2)	HOMO→LUMO+3(92.4%)	2.9370	422	0.1976

图8-5为杀草强分子和AT-Ag_2复合物的TDDFT激发态计算所得到的吸收光谱。当激发线的波长接近或落在分子-金属体系的电子吸收谱带内时，出现共振现象导致某些振动模式的拉曼强度会大大增加，强度与激发过程的谐振强度相关。利用TDDFT激发态计算所得到的杀草强分子和AT-Ag_2复合物的结构轨道跃迁、垂直激发能、波长和谐振强度等见表8-3。由图5可以看出，当杀草强分子和Ag形成复合物时，激发线波长由深外区红移到紫外区，这为选用合适的激发光波长进行拉曼光谱测定提供了理论预测。

8.4 结论

本章采用B_3LYP杂化泛函，6-31++G(d,p)基组，对杀草强分子的结构进行了优化；通过频率计算，获得了杀草强分子的拉曼光谱，并利用势能函数分布（PED）对拉曼光谱进行了指认；绘制了杀草强分子的静电势分布图，讨论了杀草强分子和SERS增强基底之间可能的吸附方式，采用含时密度泛函理论（time dependent density functional theory，TDDFT）对杀草强分子和杀草强分子-Ag复合物进行了激发态的分析计算，当杀草强分子和Ag形成复合物时，激发线波长由深外区红移到紫外区，这为选用合适的激发光波长进行拉曼光谱测定提供了理论预测。

参考文献

[194]Zen J M, Kumar A S, Chang M R. Electrocatalytic oxidation and trace detection of amitrole using a Nafion/lead–ruthenium oxide pyrochlore chemically modified electrode[J], Electrochim Acta, 2000, 45, 1691–1699.

[195] Balkission R, Murray D, Hoffstein V. Alveolar damage due to inhalation of amitrole–containing herbicide[J], Chests, 1992, 101, 1174–1176.

[196]Fontecha-Cámara M A, Álvarez-Merino M A, Carrasco-Marín F, et al. Heterogeneous and homogeneneous fenton processes using activated carbon for the removal of the herbicide amitrole from water[J], Appl Catal B: Environ , 2011, 101:425-430.

[197]Hurley P M, Hill R N, Whiting R J. Mode of carcinogenic action of pesticides inducing thyroid follicular cell tumors in rodents[J]. Environ Health Perspect , 1998, 106,437–445.

[198] 姚秉华，张磊，赵青，等．杀草强在纳米 SiO_2 修饰碳糊电极上的电化学行为及测定 [J]，分析科学学报，2010, 26（10），513–516.（Yao Binghua, Zhang Lei, Zhao Qing, et al. Determination of amitrole on the nano–SiO_2 modified carbon paste electrode, J anal Sci, 2010, 26(10), 513–516.）

[199] Becke A D. Density–functional exchange–energy approximation with correct asymptotic behavior [J]. Phys Rev A, 1988, 38, 3098–3100.

[200] Becke A D. Density–functional thermochemistry Ⅲ. The role of exact exchange [J]. J Chem Phys, 1993, 98, 5648–5652.

[201] Mukamurezi G， 谢云飞，姚卫蓉， 等．利用密度泛函理论研究六种多环芳烃的分子结构以及拉曼光谱 [J]，光散射学报，2012，24（4），333–338.（Mukamurezi, G.; Xie Yunfei, Yao Weirong, et al.. Density functional theory studies on molecular structures and raman spectroscopy of polycyclic aronatic hydrocarbons [J]. J Light Scatt, 2012, 24(4), 333–338.)

[202] Pagacz–Kostrzewa M, Bronisz R, Wierzejewska M. Theoretical and matrix isolation FTIR studies of 3–amino–1,2,4–triazole and its isomers [J]. Chem Phys Lett, 2009, 473, 238–246.

[203] John Xavier R, Gobinath E. FT–IR, FT–Raman, ab initio and DFT studies, HOMO–LUMO and NBO analysis of 3–amino–5–mercapto–1,2,4–

triazole[J]. Spectrochim Acta Part A, 2012, 86, 242–251.

[204] Jamr ó z M H. Vbrational energy distribution analysis VEDA 4 program[CP]. Warsaw, 2004.

[205]李小灵，徐蔚青，张俊虎，等. 盐酸羟胺络合法制备银溶胶及表面增强拉曼基底 [J]. 高等学校化学学报， 2003，24(4)， 707–710.(Li XiaoLing , Xu Wei–Qing, Zhang JunHu, et al. Preparation of silver colloid by hydrochlorinated hydroxy amine method and its surface enhanced raman substrate[J]. 2003,24(4),707–710.)

[206] Leopold N, Lendl B. A new method for fast preparation of highly surface–enhanced raman scattering (SERS) active colloids at room temperature by reduction of silver nitrate with hydroxylamine hydrochloride [J]. J Phys Chem B, 2003, 107(24), 5723–5727.

[207] Moskovits M. Surface selection rules [J]. J Chem Phys, 1982, 77, 4408–4416.

[208] Sundaraganesan N, Dominic B J, Settu K. vibrational spectra and assignments of 5–amino–2–chlorobenzoic acid by ab initio Hartree–Fock, and density functional methods[J]. Spectrochim Acta Part A, 2007, 66, 381–388.

第9章　维生素C的拉曼光谱和紫外光谱理论研究

9.1　引言

维生素C（Vitamin C）是一种含有6个碳原子的酸性多羟基化合物，属于烯醇式己糖酸内酯，主要存在于新鲜水果和蔬菜中，是人体必须的营养素。缺乏维生素C会引起坏血病，故又称抗坏血酸，同时它也是一种优良的抗氧化物质[209,210]。

拉曼光谱和红外光谱一样，都能提供分子振动频率的信息，可以得到分子结构的信息，拉曼光谱具有水干扰小，适于研究界面效应等特点，成为研究物质分子结构的有效手段[211,212]。密度泛函理论（DFT）在研究分子的几何构型和振动光谱等方面应用广泛，使分子的振动光谱特别是使大分子振动光谱的计算更为快捷，被成功应用于解释分子的振动信息，Dabbagh H. A. 等[213]通过实验和理论的方法研究了维生素C分子的紫外光谱、核磁共振谱、傅里叶变换红外光谱，并进行了探讨；Niazazari N [214,215]用量子化学的方法研究了维生素C在二甲基亚砜溶剂中的结构、频率及能量，理论计算结果和实验结果较吻合。

PED （Potential energy distribution）是将简正振动模式分解的分析方法，本章利用VEDA4软件对PED进行分析，VEDA4软件可以对内坐标相互间进行适当的组合，得到一套新的内坐标，由它们所表示的力常数矩阵的非对角项就会减小，内坐标间耦合减弱，只需要较少数目的内坐标就能描述简正振动模式，于是简正振动模式指认变得很容易。

本章在B3LYP/6-31++G(d,p)水平上，对维生素C分子氧化型和还原型分别进行了结构优化和频率计算，获得了维生素C分子的拉曼光谱、紫外光谱并和实验光谱进行了分析比较，对拉曼特征谱带进行了归属。

9.2　理论计算和实验

理论计算采用Gaussian09量子化学程序包[187]，分子构型用Gauss View5.0构造，利用Gaussian09程序包，B3LYP/ 6-31++g(d,p)水平，对维生素C氧化型和还原型分子的几何结构分别进行了优化，在结构优化的基础上进行了频率计算。分子的振动模式通过VEDA4软件进行归属。

维生素C的拉曼光谱采集用法国Horiba-JobinYvon公司拉曼光谱仪，光源为He-Ne激光器，激发光源波长633nm，积分时间10s，积分2次。

9.3　结果与讨论

9.3.1　维生素C分子结构

优化结果中没有发现虚频，说明优化得到的维生素C的分子结构是稳定的。维生素C构型如图9-1所示。

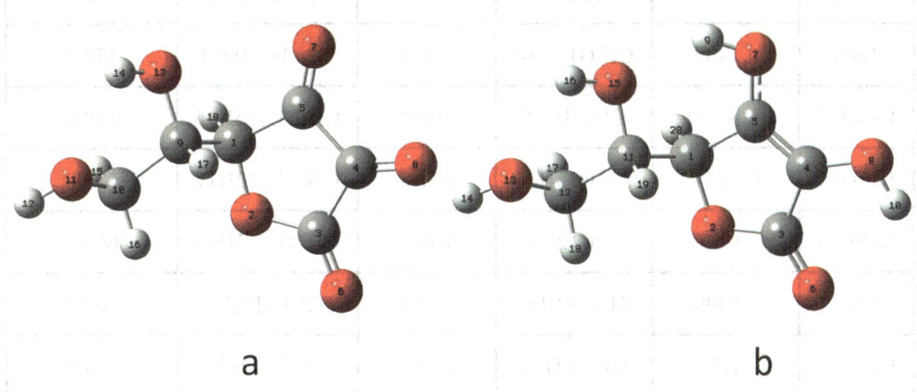

图9-1　维C的分子结构(a)氧化型、(b)还原型模型示意图

维C分子的基态结构最终优化结果的键长、键角、二面角参数见表9-1所示。

表9-1 维C分子的结构参数

	键长（nm）		键角（°）		二面角（°）
还原型					
C1O2	0.1439	C1O2C3	108.7	C1O2C3C4	2.150
C3O2	0.1381	O2C3C4	109.1	O2C3C4C5	0.2767
C3C4	0.1461	C3C4C5	108.6	C1O2C3O6	–178.5
C4C5	0.1347	O2C3O6	123.3	C3C4C5O7	179.6
C3O6	0.1212	C4C5O7	128.8	O2C3C4O8	179.1
C5O7	0.1342	C3C4O8	121.5	C4C5O7H9	–163.7
C4O8	0.1353	C5O7H9	108.2	C3C4O8H10	0.7934
O7H9	0.09762	C4O8H10	107.4	C3O2C1C11	–126.3
C8H10	0.09718	O2C1C11	110.3	O2C1C11C12	–61.85
C1C11	0.1531	C1C11C12	113.3	C1C11C12O13	–173.1
C11C12	0.1523	C11C12O13	105.3	C11C12O13H14	175.3
C12O13	0.1432	C12O13H14	109.9	O2C1C11O15	177.9
O13H14	0.09649	C1C11O15	104.8	C1C11O15H16	169.0
C11O15	0.1434	C11O15H16	107.6	C1C11C12H17	53.85
O15H16	0.09697	C11C12H17	109.8	C1C11C12H18	66.56
C12H17	0.1099	C11C12H18	109.8	O2C1C11H19	60.05
C12H18	0.1096	C1C11H19	109.3	C3O2C1H20	114.7
C11H19	0.1099	O2C1H20	108.2		
C1H20	0.1099				
氧化型					

续表

	键长（nm）		键角（°）		二面角（°）
C1O2	0.1460	C1O2C3	114.5	C1O2C3C4	-3.8
C3O2	0.1365	O2C3C4	108.0	C3 O2C1C5	7.1
C3C4	0.1536	C3C4C5	105.6	C1O2C3O6	177.2
C4C5	0.1539	O2C3O6	123.5	O2C1C5O7	171.1
C3O6	0.1199	C4C5O7	126.0	O2C3C4O8	179.6
C5O7	0.1204	C3C4O8	126.5	C3O2C1C9	-115.6
C4O8	0.1203	O2C1C9	108.8	O2C1C9C10	-52.2
C1C9	0.1538	C1C9C10	111.8	C1C9C10O11	-175.0
C9C10	0.1531	C9C10O11	104.8	C9C10O11H12	174.1
C10O11	0.1430	C10O11H12	109.9	O2C1C9O13	-173.3
C11H12	0.09649	C1C9O13	106.2	C1C9O13H14	169.1
C9O13	0.1413	C9O13H14	106.9	C1C9C10H15	-56.0
O13H14	0.09697	C9C10H15	109.5	C1C9C10H16	64.7
C10H15	0.1099	C9C10H16	110.6	O2C1C9H17	67.3
C10H16	0.1095	C1C9H17	109.2	C3O2C1H18	125.4
C9H17	0.1103	O2C1H18	108.0		
C1H18	0.1095				

维生素C氧化型和还原型分子组成不同主要是内酯环上的–C=O双键被还原成了–C–OH。还原型分子中内酯环上的–OH键长分别是0.09762 nm和0.09718 nm，非内酯环上的–OH键长分别是0.09697 nm和0.09649 nm；还原型分子中内酯环上–C–O单键键长是0.1381 nm，–C=O键长是0.1212 nm；氧化型分子中–C–O单键键长是0.1365 nm，–C=O键长是0.1199 nm，比还原型分子中相应的键长短。

9.3.2 维生素C分子振动频率和归属

维生素 C 还原型分子式是 $C_6H_8O_6$，共有 54 个振动模式，其中包括 19 个伸缩振动模，18 个弯曲振动模，17 个扭转振动模，上述振动模中有 12 个 C–H 振动模；维生素 C 氧化型分子式是 $C_6H_6O_6$，共有 48 个振动模式，其中包括 17 个伸缩振动模，16 个弯曲振动模，15 个扭转振动模，上述振动模中有 12 个 C–H 振动模。我们根据文献[216]，对波数大于 800 cm^{-1} 的乘以校正因子 0.9613，对波数小于 800cm^{-1} 的乘以校正因子 1.0013。具体振动归属如下：3 701 cm^{-1}、3 668 cm^{-1} 归属于 O–H 的伸缩振动；3 604 cm^{-1}、3 557 cm^{-1} 归属于还原型维生素 C 分子内酯环上 –OH 上 O–H 的伸缩振动；位于 2 976 cm^{-1} 拉曼带的峰归属与 C–H 伸缩振动；2 968 cm^{-1}、2 902 cm^{-1} 拉曼谱带归属于 C–H 的伸缩振动；1 455 cm^{-1}、1 215 cm^{-1} 归属于 C–H 面外弯曲振动。维生素 C 固体粉末和氧化型、还原型结构的理论计算拉曼光谱图如图 9–2 所示。理论振动频率及其归属见表 9–2。

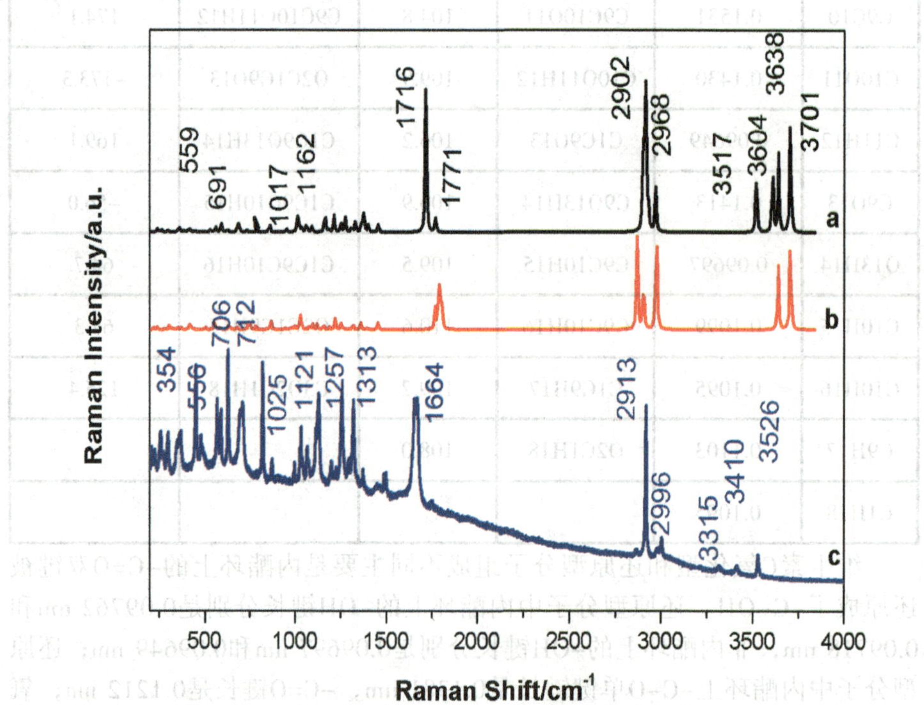

图9–2 维生素C分子理论计算(a)还原型、(b)氧化型和(c)固体粉末的拉曼光谱图

表9-2 维生素C分子的理论频率及振动归属

Mode	Experiment/cm^{-1}	Theoretical (Oxidation)/cm^{-1}	Theoretical (Reduction)/cm^{-1}	Assignment
Q1	3526	3711	3701	O–H伸缩振动
Q2	3410	3636	3638	O–H伸缩振动
Q3	–	–	3604	O–H伸缩振动
Q4	3315	–	3517	O–H伸缩振动
	2999	2976	–	
Q5	2984	2903	2968	C–H伸缩振动
Q8	2913	2866	2902	C–H伸缩振动
Q9	1752	1803	1771	C–O伸缩振动
Q11	1664	1769	1716	C–C伸缩振动
Q12	1484	1455	1455	C–H面内弯曲振动
Q14	1369	1360	1374	O–H面内弯曲振动 C–C–C面内弯曲振动
Q21	1200	1221	1215	C–H面外弯曲振动
Q29	1028	1028	1017	C–C伸缩振动内酯环上 C–O–C弯曲振动
Q32	871	868	859	C–C伸缩振动 O–H弯曲振动
Q34	708	682	691	C–C伸缩振动 C–O伸缩振动 C–C–C 弯曲振动振动
Q38	564	555	559	C–O伸缩振动 C–C–C 弯曲振动振动 O–H弯曲振动

9.3.3 维生素C分子的表面静电势

空间某点的静电势是指从无穷远处移动单位正电荷至该点时所需做的功。由于在核与电子共存的分子体系中，核与电子都会对分子的静电势产生影响，所以，在分子的周围，与核距离不等的空间各点处的静电势是不同的。因此，静电势在理解分子间的相互作用、分子间的反应部位以及分子识别等方面具有非常独到的作用。分子静电势图上用不同的颜色代表静电势不同的区域，其中红色、黄色、绿色、蓝色表示电负性逐渐降低。红色区域代表负电性区域，即电子的密集区域，此区域比较容易收到亲电试剂的进攻；蓝色区域代表正电性区域，此区域比较容易受到亲核试剂的进攻。维生素C分子静电势图见图9-3，O原子上的NPA电荷见表9-3，从分子静电势图可以看出，维生素C分子中由于氧原子电负性较大，而且存在孤对电子，氧原子周围是电负性较大的区域，这和氧原子上存在孤对电子有关，还原型维生素C分子中的O原子的NPA电荷密度比相应氧化型上的电荷密度更负，更易于形成分子间和分子内氢键[217,218]。

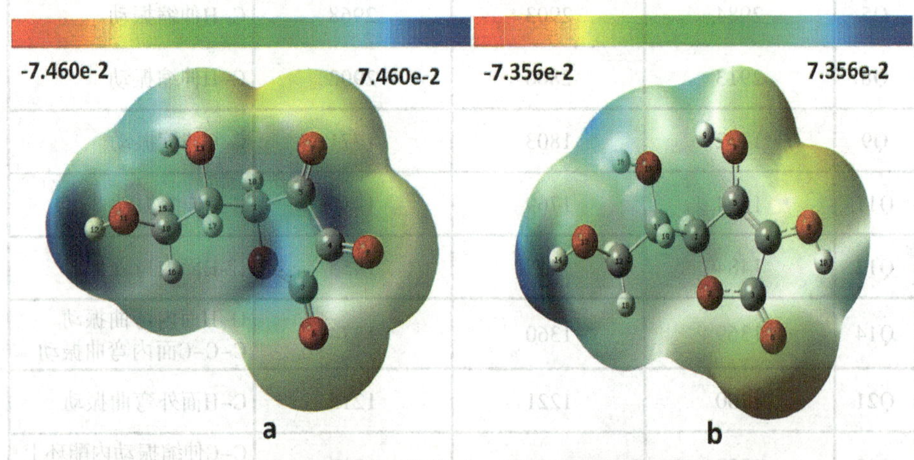

图9.3　维生素C分子(a)氧化型、(b)还原型的表面静电势图

表9.3　维生素C中O原子的NPA电荷

	还原型（R）	氧化型（O）
O2	–0.550	–0.538
O6	–0.597	–0.505
O7	–0.681	–0.430
O8	–0.689	–0.406
O11	——	–0.788

续表

	还原型（R）	氧化型（O）
O13	-0.791	-0.763
O15	-0.805	——

9.3.4　维生素C分子分子的吸收光谱和激发态

分子的许多化学性质主要由分子中的前线轨道即最高占据轨道（HOMO，Highest occupied molecular orbital）和最低未占据轨道（LUMO，lowest unoccupied molecular orbital）决定。这两个轨道决定着分子的电子得失和转移能力，决定着分子间反应的取向等重要化学性质。因此研究这两个轨道的能量及能级差对研究分子的化学性质有非常重要的意义。维C分子的HOMO-LUMO轨道及能级差如图9-4所示。

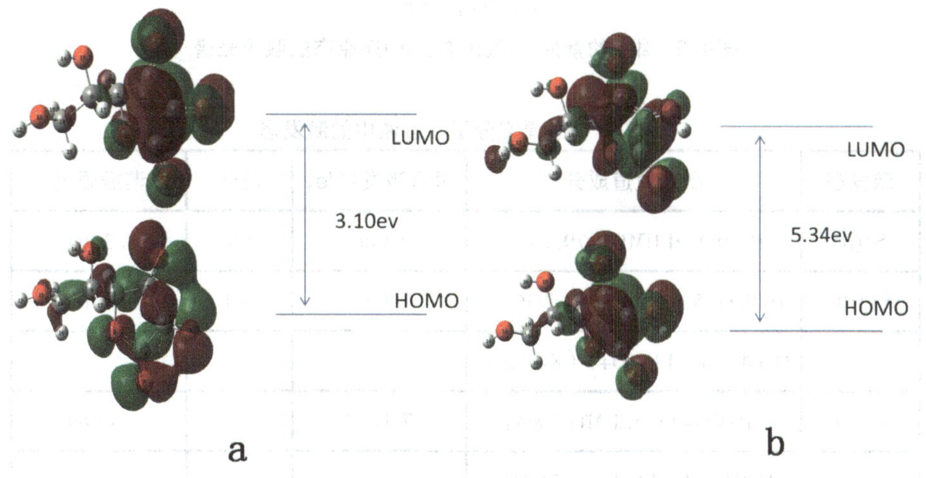

图9-4　维C的分子结构(a)氧化态、(b)还原态的前线轨道

采用TD-DFT方法，计算了维生素C分子在水溶液中的紫外光谱，计算结果如图9-5所示。当激发线的波长接近或落在分子-金属体系的电子吸收谱带内时，出现共振现象导致某些振动模式的拉曼强度会大大增加，强度与激发过程的谐振强度相关。利用TDDFT激发态计算所得到水溶液中的维生素C分子的结构轨道跃迁、垂直激发能、波长和谐振强度等见表9-4。从图9-5可以看出，水溶液中还原型的维生素C分子的紫外吸收光谱对应的吸收波长分别是161 nm、181 nm和248 nm，而氧化型维生素C对应的两个吸收

波长是167 nm，实验测定的紫外吸收波长是在245 nm，和还原型的理论计算结果比较接近，实验和理论计算的数据存在差异的原因，一是由于理论计算设计的PCM模型；二是因为在计算时是考虑的单分子，而实际测定时还存在维生素C分子之间以及和溶剂之间的相互作用力。

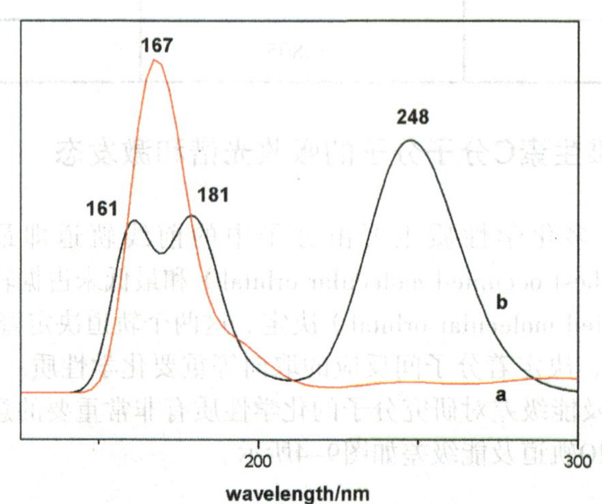

图9-5 维C的紫外(a)氧化态、(b)还原态的吸收光谱

表9-4 维生素C分子水溶液中的激发态

激发态	跃迁轨道成分	垂直激发能/ev	波长	谐振强度
S1(R)	HOMO→LUMO（79.3%）	5.006	248	0.2664
S11(R)	HOMO-5→LUMO+1（2.3%）	6.8690	181	0.1484
	HOMO-4→LUMO+1（84.3%）			
S24(O)	HOMO-13→LUMO(2.8%)	7.4149	167	0.0064
	HOMO-1→LUMO+3(71.1%)			
	HOMO-1→LUMO+4(14.6%)			

9.4 结论

本章在B3LYP/6-31++g(d,p)水平上，对维生素C分子氧化型和还原型的结构进行了优化；通过频率计算，获得了维生素C分子氧化型和还原型的拉曼光谱，和实验采集的拉曼光谱进行了比对，并对拉曼特征峰带进行了指认；绘制了维生素C分子的静电势分布图，讨论了维生素C分子发生化学反应的位置，同时计算了HOMO-LUMO的能级差，NPA电荷的结果表明，维生素C分子易于形成分子内氢键或分子间氢键；通过TD-DFT计算获得了维生素C分子氧化型和还原型分子的紫外光谱，水溶液中还原型的维生素C分子的紫外吸收光谱对应的吸收波长分别是161nm、181nm和248nm，而氧化型维生素C对应的两个吸收波长是167nm。本文为采用拉曼光谱法分析测定维生素C分子提供了理论依据。

参考文献

[209]Mujika J I, Matxain J. M. Theoretical study of the pH-dependent antioxidant properties of vitamin C[J], J mole model,2013(19):1945-1952.

[210]Juhasa J R, Pisterzi L F, Gasparro D M, et al.. The effects of conformation on the acidity of ascorbic acid: a density functional study[J], J Mole stru (Theochem),2003,401-407.

[211] 赵冰,徐蔚青. 单分子拉曼光谱超灵敏分析技术的新进展 [J]. 现代仪器, 2011, (5), 1-3.

[212]Panicker C Y, Varghese H T, Philip D. FT-IR,FT-Raman and SERS spectra of Vitamin C[J], Spectrochim Acta Part A,2006(65):802-804.

[213]Dabbagh H A , Azami F , Farrokhpour H , et al. UV-VIS, NMR and FT-IR spectra of tautomers of vitamin C. experimental and DFT calculations[J], J Chil Chem Soc,2014, 59(3):2588-2594.

[214] [Niazazari N. Quantum Chemical Study of the Structural Properties of Ascorbic Acid(Vitamin C) in DMSO[J], J Basic Appl Sci Res,2013,3(3):658-662.

[215]Bailey D M, George W O, Gutowski M . Theoretical studies of

L-ascorbic acid (vitamin C) and selected oxidized, anionic and free-radical forms[J], J Mole stru (Theochem),2009(910),61-68.

[216] Sundaraganesan N, Dominic Joshua B, Settu K. Vibrational spectra and assignments of 5-amino-2-chlorobenzoic acid by ab initio Hartree-Fock and density functional methods[J], Spectrochim Acta Part A,2007,66(2):381-388.

[217] Dimitrova Y. Theoretical study of the changes in the vibrational characteristics arising from the hydrogen bonding between vitamin C(L-ascorbic acid) and H2O[J], Spectrochim Acta Part A,2006(63):427-437.

[218]Li P, Zhai Y Z, Wang W H, et al.. Explorations of the nature of the coupling interactions between vitamin C and methylglyoxal: a DFT study[J], Stru chem,2011(22):783-789.

附录1 符号说明

缩写	英文全称	中文全称
SERS	Surface-Enhanced Raman Scattering	表面增强拉曼散射
GR	Guaranteed reagent	优级纯
AR	Analytical reagent	分析纯
MBI	2-mercaptobenzimidazole	2-巯基苯并咪唑
5-A-2-MBI	5-amino-2-mercaptobenzimidazole	5-氨基-2-巯基苯并咪唑
EM	Electromagnetic enhancement	电磁场增强机理
CE	Chemical Enhancement	化学增强
CT	Charge transfer	电荷转移
HOMO	Highest occupied molecular orbital	最高占据轨道
LUMO	Lowest unoccupied molecular orbital	最低未占据轨道
LSPR	Localized suface plasmon resonance	局域表面等离子体共振
PDDA	Poly(diallydimethylammonium chloride)	聚二烯丙基二甲基氯化铵
TEM	Transmission electron microscope	透射电子显微镜
SEM	Scanning electron microscope	扫描电子显微镜
XPS	X-ray photo electron spectroscopy	X-射线光电子能谱
DFT	Density functional theory	密度泛函理论
MEP	Molecular electrostatic potential	分子静电势

附录 2　能量单位

附表1　能量单位换算因子

	$J\cdot mol^{-1}$	$kcal\cdot mol^{-1}$	ev	cm^{-1}
$1\ J\cdot mol^{-1}$	1	2.390×10^{-4}	1.036×10^{-5}	8.359×10^{-2}
$1kcal\cdot mol^{-1}$	4.184×10^{3}	1	4.336×10^{-2}	3.497×10^{2}
1ev	9.649×10^{4}	23.060	1	8.065×10^{3}
$1cm^{-1}$	1.196×10	2.859×10^{-3}	1.240×10^{-4}	1
1Hartree	2.625×10^{6}	6.275×10^{2}	27.211	2.195×10^{5}

附表2　原子单位（a.u.）

原子单位（a.u.）定义为：电子质量m_e=电子电荷e=Bohr半径α_0=1。
在该单位制中，Plank常数$h=2\pi$，于是$\hbar=1$。原子单位与国际单位的换算关系为：

长　度	1 a.u.= α_0=5.29177×10^{-11}m（Bohr半径）
质　量	1 a.u.=m_e=9.109534×10^{-31}kg(电子静质量)
电　荷	1 a.u.=e=1.6021892×10^{-19}C（电子电荷）
能　量	1 a.u.=$\frac{e^2}{4\pi\varepsilon_0\alpha_0}$=27.2116ev（2个电子相据$\alpha$ 0的势能）
时　间	1 a.u.=2.418885×10^{-17}s
角动量	1 a.u.= $\frac{h}{2\pi}(\equiv\hbar)$=$1.0545887\times10^{-34}$ J・s